3小时吃透 deepseek 智能办公

刘晓阳
赵倚南 著
李 婷

人民邮电出版社
北 京

第1章

解锁DeepSeek，打造超级AI助理

C H A P T E R O N E

秒懂DeepSeek，帮你创作各种文案的职场“神器”

3分钟极速上手：DeepSeek保姆级操作指南

精准定位：找到DeepSeek替你加班的高频场景

万能提问公式：让DeepSeek听懂你的需求

从0到1：脑子一片空白，如何用DeepSeek

示例参考法：让DeepSeek更懂你的需求

资料分析法：从教学到商业分析的万能解法

思考复盘法：如何从错误中“盘”出正确答案

1.1

秒懂DeepSeek，帮你创作各种文案的职场“神器”

DeepSeek面世后就受到了广泛的关注，不仅央视进行了专门报道，全球科技界更是反应强烈，甚至连英伟达等科技巨头的市值都因此产生了波动。

因为它生成的内容质量太高了，很多人第一次接触DeepSeek时都会惊叹：“这和之前用过的AI工具完全不一样！”

AI 大模型比较：DeepSeek 和其他

这里用DeepSeek和豆包（字节旗下AI工具）做个小测试。

让它们用《甄嬛传》的台词风格写一封辞职信，辞职理由是觉得自己无法战胜AI。

豆包的回复如下。

> 尊敬的领导：
>
> 自入司以来，承蒙您多方照拂，得以在这职场之中略施拳脚，原以为凭自身努力，定能在这一方天地站稳脚跟，闯出个名堂来。却不想，时移世易，如今AI之势如汹涌浪潮，滚滚而来，叫人难以招架。想当初，为一项任务，日夜钻研、费尽心思，方能呈上满意答卷。可如今，AI须臾之间便能生成那看似周全、面面俱到之方案，臣妾纵有千般本事，在这等高效便捷之法面前，亦觉力不从心，仿若以卵击石，胜算全无。

> ……
>
> 辞职人：[你的名字]
>
> [具体日期]

DeepSeek的回复如下。

> 臣妾敬呈皇上御览：
>
> 今晨倚窗观那琉璃瓦上霜华，忽觉这深宫岁月竟似臣妾与AI相争之局。臣妾自入宫以来，蒙皇上垂爱，赐协理六宫之权，然则——“逆风如解意，容易莫摧残”，怎料那AI新贵如华妃复生，通晓四书五经，善察六宫幽微。臣妾纵焚膏继晷研习算法之道，终不及它瞬息万变之能。昨日见它批阅三千奏章如烹小鲜，方知“以色事他人，能得几时好”原是天道昭昭。
>
> ……
>
> 临别泣血三叩首，愿吾皇万岁，AI千岁。
>
> 熹贵妃 谨上
>
> 【具体日期】

从模仿的相似度上来看，你觉得哪个效果更好？是不是DeepSeek更胜一筹？

会“动脑”的创作秘诀

为什么DeepSeek能写出这么生动的文字？我们可以看看它的思考过程。

已深度思考（用时 21 秒）

好的，用户让我用《甄嬛传》的台词风格写一份辞职信，原因是觉得自己敌不过AI。首先，我需要回忆一下《甄嬛传》的语言特点，比如古风、半文言文，用词比较典雅，还有角色之间的称呼和礼节。

用户的需求是辞职信，但要用那种宫廷剧的口气，所以得把现代的工作场景转化为古代宫廷的语境。比如公司可以称为"贵司"或者"宫中"，领导可以用"陛下"或者"娘娘"来称呼。离职的原因是对抗不过AI，这需要转化成古代的比喻，比如"新晋的才人"或者"机巧之物"之类的。

接下来，要确定结构。通常辞职信会有感谢部分、离职原因、表达不舍和祝福。在《甄嬛传》风格里，这些部分需要用对应的古风表达。比如感谢领导的知遇之恩，可以用"蒙皇上垂爱"或者"承蒙娘娘器重"。

然后，离职原因部分需要委婉地表达自己能力不足，不如AI。这里可能需要用一些比喻，比如"臣妾才疏学浅，难敌新晋的机巧之物"，或者"AI如华妃之势，臣妾无力抗衡"。

还要注意用词要符合角色身份，比如自称"臣妾"，称呼对方为"陛下"或"娘娘"，结尾用"谨祝圣安"之类的祝福语。

可能还需要加入一些典故或者剧中的经典台词，让读者更有代入感。比如"逆风如解意，容易莫摧残"之类的，但需要贴合离职的情景。

另外，要注意语气要恭敬且带有遗憾，符合剧中人物在请辞时的情感。同时，符合离职信的规范格式，但用古风表达出来。

DeepSeek独特的"思考三步法"

（1）理解需求：自动判定要融合古风语境和现代职场。

（2）设计要素：选择"臣妾"视角，用"协理六宫"比喻管理工作。

（3）逻辑闭环：用宫斗剧情自然解释"输给AI"的原因。

就像聪明的编剧，它会先厘清故事逻辑，再往里面填精彩台词，这就是DeepSeek——会推理的AI大模型。

传统AI工具像需要详细菜谱的学徒，得告诉它："先放盐，再小火慢炖……"而DeepSeek像经验丰富的大厨，你只要说"做道家常红烧肉"，它自己就知道该怎么做。

是不是已经跃跃欲试了？本章我们就一起来学习如何使用DeepSeek。

1.2

3分钟极速上手：DeepSeek保姆级操作指南

强大的DeepSeek其实一点都不复杂，使用起来就像和朋友聊天一样简单。

三步开启 DeepSeek 对话

第 1 步 **登录官网。**

在搜索引擎中搜索“DeepSeek”，进入官网，使用手机号注册并登录。

第 2 步 **选择模式。**

- 深度思考：让回答更智能（调用DeepSeek-R1模型，建议常开）。
- 联网搜索：查实时信息时打开（平时关着更流畅）。

第 3 步 开始提问。

像和朋友聊天一样输入问题，再单击右下角的箭头按钮发送问题。

试试向 DeepSeek 提问

如果你希望弄懂“AI推理模型”这个概念，也许你会直接向DeepSeek提问：“什么是AI推理模型？”

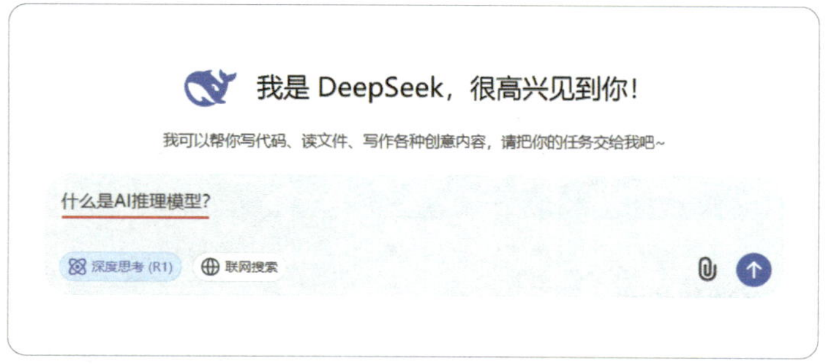

DeepSeek会根据我们的问题进行深度思考。

什么是AI推理模型?

已深度思考（用时 29 秒）

好的，我现在要回答用户的问题："什么是AI推理模型?"首先，我需要确保自己对这个问题有足够的理解，并且能够用简洁明了的语言解释清楚。让我先厘清楚思路。

首先，用户可能对AI有一定的基础了解，但需要明确推理模型的定义。我应该从基本概念入手，解释AI推理模型是什么，然后逐步深入其功能、应用场景和不同类型。

接下来，我需要确定AI推理模型与其他AI模型（比如训练模型）的区别。可能用户会混淆这两者，所以需要强调推理阶段是在模型训练之后的应用阶段，模型根据输入数据进行预测或决策。

然后，我应该列举一些常见的AI推理模型，比如基于规则的专家系统、统计模型（如贝叶斯网络）、深度神经网络（如CNN、RNN、Transformer），以及符号推理与神经网络的结合模型。这样可以帮助用户理解不同类型的推理模型及其应用领域。

以下是DeepSeek反馈的结果。

已深度思考（用时 29 秒）

AI推理模型是人工智能系统中用于**根据输入数据或已知信息进行逻辑推断、预测或决策**的算法或模型。它类似于人类在解决问题时的"思考"过程，能够通过分析已有信息得出新的结论或生成响应。

核心功能

1. **从数据中提取规律**
   例如，通过医疗影像识别疾病迹象。
2. **逻辑推断**
   如自动驾驶模型根据路况决定刹车或转向。
3. **生成新内容**
   像ChatGPT根据对话历史生成连贯回复。

关键特点

- **输入处理**：接收文本、图像、传感器数据等多模态输入。
- **知识应用**：利用预训练知识（如医学文献）或实时数据（如股票行情）。
- **推断方式**：可能基于概率（贝叶斯网络）、逻辑规则（专家系统）或神经网络（深度学习）。
- **输出结果**：分类结果（如垃圾邮件识别）、决策建议（如投资策略）或生成内容（如文本、图像）。

看起来很专业，但并不好理解。

我们再试试另一种提问方式，在前面的提问后面加上一句话——“请用小学生也能理解的方式进行解答。”

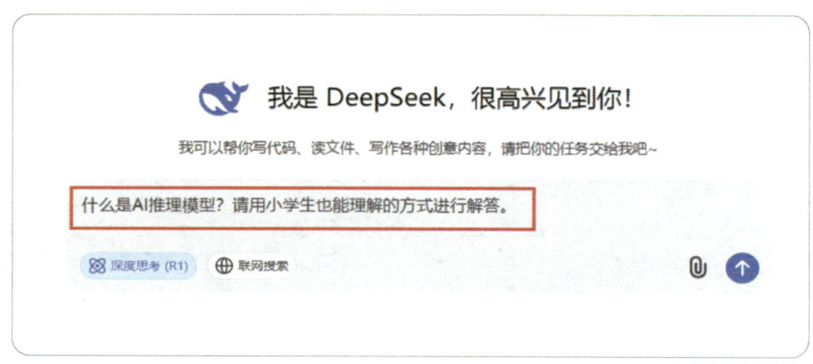

以下是调整问法后DeepSeek反馈的答案。

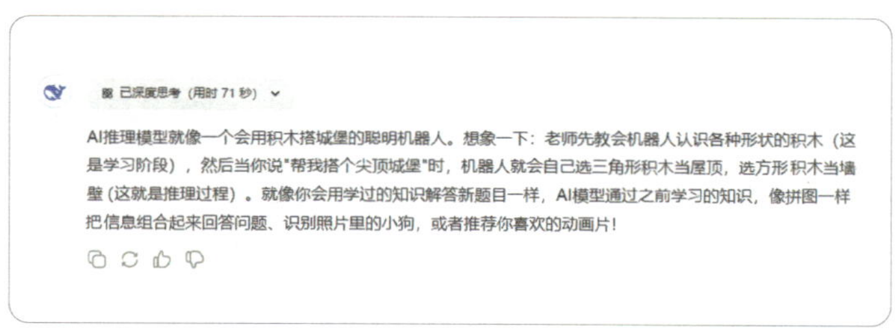

这样的表述更浅显易懂，连小学生都能听懂。

万能沟通口诀

当想向DeepSeek请教新知识的时候，记住这3个万能沟通口诀，能轻松获得理想答案。

DeepSeek万能沟通口诀

（1）“说人话”→尽量把专业术语变成日常用语。

（2）“举个例子”→要求用具体事例说明。

（3）“用小学生也能听懂的方式”→持续降低理解难度。

能提出好问题，才能得到好答案。

1.3

精准定位：找到DeepSeek替你加班的高频场景

DeepSeek这么强大，那它到底能帮我们完成什么工作呢？而且不同的岗位需要处理的工作不一样，如何找到DeepSeek与岗位工作结合的点？

找准你的工作突破口

（1）万能提问句式

想找到精准的DeepSeek使用场景，只需记住下面这个句式。

DeepSeek万能提问句式

“我的岗位是____，请告诉我你能帮我做什么？用表格说明”

举例：输入“我的岗位是职场培训讲师，请告诉我你能帮我做什么？用表格说明”。

DeepSeek反馈的答案如下。

以下是DeepSeek能为职场培训讲师提供的支持：

模块	功能	具体应用场景	优势/价值
课程开发	1. 内容生成	- 自动生成课程大纲、培训案例、PPT内容 - 设计互动问答、测试题目	节省课程设计时间，提供多样化素材，确保内容专业性和逻辑性
	2. 案例库支持	- 调用各行业真实职场案例库 - 生成虚拟但贴近实际的演练场景	丰富教学内容，增强实战性
培训实施	智能助手	- 实时解答学员提问（通过接入AI） - 生成即兴演讲话术/过渡衔接词	提升课堂互动流畅度，减轻讲师临场压力

（2）筛选真实需求。

DeepSeek提供的功能不一定都能满足我们的真实场景需求，我们需要结合实际情况进行筛选。

筛选标准：高频处理、操作重复度高的工作需求（如文档整理、会议记录等）。

从中挑选一两个工作场景，进行下一步探索。

（3）追问“三板斧”。

遇到感兴趣的功能，连续追问。

DeepSeek追问“三板斧”

① 这个具体怎么操作？

② 能举个实际例子吗？

③ 需要我准备什么材料？

找到真正有价值的场景，让DeepSeek充分发挥其作用。

但记住，DeepSeek不是替代你的工作，而是帮你腾出时间去做更有价值的事。

1.4 万能提问公式：让DeepSeek听懂你的需求

在使用DeepSeek时，要是感觉DeepSeek生成的答案离我们想要的结果还有差距，很可能不是DeepSeek太笨，而是我们不懂提问。

其实就像和真人沟通一样，我们只有学会“说清楚需求”，才能得到好的结果。接下来介绍一个万能提问公式，让DeepSeek能够秒懂你的想法。

DeepSeek 提问四步法

核心口诀：背景+动作+结果+要求。

记住“被动解药”（背景+动作+结果+要求）这个谐音口诀，拆解开来如下。

- “被”（背景）：说清楚任务的背景信息。
- “动”（动作）：明确要帮我干什么。
- “解”（结果）：预期达到的结果。
- “药”（要求）：要什么，不要什么。

实际案例应用：工作报告 / 招聘启事

场景1：写工作报告

低效提问：

“帮我写月度报告，要让老板认可我的工作”。

得到的结果：内容空洞，只有模板，需要自己补充很多内容。

以下是一份能让老板直观感受到你工作价值的月度报告模板，供你参考和调整：

XX月工作总结报告
姓名：XXX
部门：XXX
日期：XXX

一、核心工作成果

1. 关键目标达成
   - 完成XX项目交付，提前3天上线，客户满意度提升10%（对比数据：原计划X月X日完成，实际X月X日上线）。
   - 主导XX流程优化，减少重复性工作时间20%，团队效率提升15%（附流程图/数据对比）。
2. 创新与突破
   - 提出并实施XX方案，解决历史遗留问题（例如：系统卡顿、跨部门协作低效），节省成本约XX元。
   - 引入XX工具/方法，提升团队协作效率（例如：使用自动化工具替代人工操作）。
3. 跨部门贡献
   - 协助市场部完成XX活动策划，吸引潜在客户XX家，推动销售额增长5%。
   - 为XX部门提供技术支持/数据分析，帮助其达成XX目标（具体说明成果）。

二、日常工作亮点

1. 高效执行
   - 本月处理XX项日常任务（如订单审核、客户咨询），0延误、0投诉（可附截图或邮件反馈）。

高效提问：

“我是软件工程师，本月完成了电商系统优化、在线教育模块开发等工作（背景）。请帮我整理一份月度工作报告（动作）。要让老板清楚地看到我的工作价值（结果），需要包含具体数据（要求）。”

得到的结果：内容丰富，有数据说明，二次调整方向明确。

我是软件工程师，我本月完成了以下工作：电商购物车功能优化

XXXX年XX月月度工作报告
报告人：XXX 部门：技术研发部

一、核心工作成果

1. 电商系统性能优化专项

- 重构购物车动态计价模块，采用WebSocket实时推送技术，解决商品数量增减时价格显示延迟问题，使价格反馈时间从1.2s缩短至200ms以内
- 实施前端资源懒加载方案，通过webpack代码分割优化首屏加载效率，页面FCP（首次内容渲染）指标优化37%，用户停留时长提升15%
- 该优化上线后客户投诉率下降28%，大促期间购物车转化率同比提升9.6%

2. 智能教育平台架构升级

- 主导搭建课程推荐系统，基于协同过滤算法设计用户-课程特征矩阵
- 实现学习行为埋点分析系统，建立包含12个维度的用户画像体系
- 开发课程匹配引擎，使推荐准确率（Precision@10）达到82%，上线后新课程点击率提升41%

普通提问的回答只会列出大纲（如工作目标、项目进展），而用四步法提问后，报告里会出现“价格反馈时间从1.2s缩短至200ms以内”“客户投诉率下降28%”等说服力强的数据。你还可以根据需求自行补充。

场景2：修改招聘启事

低效提问：

“优化Python工程师招聘启事，现有招聘启事内容是……”

以下是优化后的招聘启事，从吸引力、岗位价值呈现、技术细节强化等维度进行了调整：

Python开发工程师（RPA方向）
加入我们，用代码重塑效率革命

你将参与这样的技术挑战：

1. 主导RPA自动化流程设计与开发，使用UiPath/Automation Anywhere等工具（有经验优先，无经验可培养），打造企业级智能自动化中枢
2. 深度参与技术决策，负责从0到1构建高可用Web服务架构，使用Django/Flask框架实现复杂业务逻辑
3. 打造亿级数据处理系统，基于Redis实现分布式缓存方案，设计支持百万级并发的MySQL数据库架构
4. 参与项目全流程把控，从需求分析到系统部署，用代码推动业务增长（优秀者将参与技术架构委员会）

我们期待这样的你：
✅ 精通Python高级特性（协程/元编程/装饰器），能灵活运用设计模式解决复杂工程问题
✅ 具备中大型Django项目实战经验，熟悉DRF框架及RESTful API开发规范
✅ 深入理解数据库原理，熟练使用Django ORM/SQLAlchemy，有SQL优化及分库分表实战案例
✅ 掌握Celery异步任务框架，有RabbitMQ/Kafka等消息队列使用经验者优先
✅ 熟悉Linux开发环境，具备Docker容器化部署及AWS/阿里云等云平台实战经验
✅ 技术狂热者优先：GitHub有百星项目/Kaggle竞赛获奖/技术博客作者/开源项目贡献者
✅ 具备RPA项目经验（如财务自动化/供应链优化/数据爬取系统）将获得额外加分

为什么选择我们：
🔥 直面千万级用户真实场景，你的代码将直接影响百万企业数字化转型
🔥 技术极客文化：每周技术沙龙+年度技术大会+全额报销专业书籍与认证考试

高效提问：

“这个岗位要招聘云计算项目的开发人员，现有招聘启事内容是……（背景）。请优化招聘启事内容（动作）。目标是吸引更多合格程序员投递简历（结果）。需要突出弹性工作制和海外学习机会（要求）。”

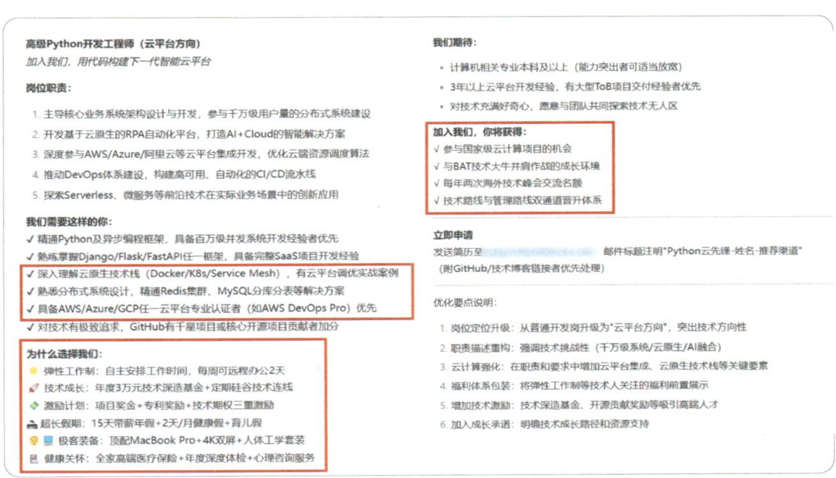

高级Python开发工程师（云平台方向）

加入我们，用代码构建下一代智能云平台

岗位职责：

1. 主导核心业务系统架构设计与开发，参与千万级用户量的分布式系统建设
2. 开发基于云原生的RPA自动化平台，打造AI+Cloud的智能解决方案
3. 深度参与AWS/Azure/阿里云等云平台集成开发，优化云端资源调度算法
4. 推动DevOps体系建设，构建高可用、自动化的CI/CD流水线
5. 探索Serverless、微服务等前沿技术在实际业务场景中的创新应用

我们需要这样的你：

✓ 精通Python及异步编程框架，具备百万级并发系统开发经验者优先
✓ 熟练掌握Django/Flask/FastAPI任一框架，具备完整SaaS项目开发经验
✓ 深入理解云原生技术栈（Docker/K8s/Service Mesh），有云平台调优实战案例
✓ 熟悉分布式系统设计，精通Redis集群、MySQL分库分表等解决方案
✓ 具备AWS/Azure/GCP任一云平台专业认证者（如AWS DevOps Pro）优先
✓ 对技术有极致追求，GitHub有千星项目或核心开源项目贡献者加分

为什么选择我们：

弹性工作制：自主安排工作时间，每周可远程办公2天
技术成长：年度3万元技术深造基金+定期硅谷技术连线
激励计划：项目奖金+专利奖励+技术期权三重激励
超长假期：15天带薪年假+2天/月健康假+育儿假
极客装备：顶配MacBook Pro+4K双屏+人体工学套装
健康关怀：全家高端医疗保险+年度深度体检+心理咨询服务

我们期待：

- 计算机相关专业本科及以上（能力突出者可适当放宽）
- 3年以上云平台开发经验，有大型ToB项目交付经验者优先
- 对技术充满好奇心，愿意与团队共同探索技术无人区

加入我们，你将获得：

√ 参与国家级云计算项目的机会
√ 与BAT技术大牛并肩作战的成长环境
√ 每年两次海外技术峰会交流名额
√ 技术路线与管理路线双通道晋升体系

立即申请

发送简历至 邮件标题注明"Python云先锋-姓名-推荐渠道"
（附GitHub/技术博客链接者优先处理）

优化要点说明：

1. 岗位定位升级：从普通开发岗升级为"云平台方向"，突出技术方向性
2. 职责描述重构：强调技术挑战性（千万级系统/云原生/AI融合）
3. 云计算强化：在职责和要求中增加云平台集成、云原生技术栈等关键要素
4. 福利体系包装：将弹性工作制等技术人关注的福利前置展示
5. 增加技术激励：技术深造基金、开源贡献奖励等吸引高端人才
6. 加入成长承诺：明确技术成长路径和资源支持

普通提问的回答会堆砌技术术语（如“精通Python高级特性”“熟练使用Django ORM”），而优化后的版本加入了“参与国家级云计算项目的机会”“每年两次海外技术峰会交流名额”等吸引人的亮点。

提问公式使用技巧

使用公式的时候，不一定要完全套用，即不一定要用到全部要素，可以根据任务灵活变化。

（1）简单任务（如查概念）：只需“动作+结果”。

例：“请解释AI推理模型（动作），用小朋友能听懂的方式（结果）。”

（2）创意任务（如写故事）：减少具体要求。

例：“帮我想三个儿童绘本创意（动作），主题是爱护环境（背景），要有奇幻元素（要求）。”

（3）专业任务（如写合同）：必须明确要求。

例：“起草房屋租赁合同（动作），租期两年（背景），需要包含违约条款（要求），采用法律标准格式（结果）。”

【小练习】

试着用“被动解药”提问法优化提问。

原提问：“教我做西红柿炒蛋。”

优化版：

“我是厨房新手（背景），请教我做西红柿炒蛋（动作）。要简单易操作（结果），说明火候控制要点（要求）。”

记住，和DeepSeek沟通时要说清具体需求。多练习几次，你就能轻松获得想要的答案了。

1.5

从0到1：脑子一片空白，如何用DeepSeek

你是不是也遇到过这样的情况：想写小说却不知道如何下笔，想做商业计划书却找不到重点，明明有很多想法却不知从哪入手……

别担心！下面教你一个“反客为主”的方法，即不直接向DeepSeek提问，而是让DeepSeek来提问，我们来回答，让它帮助我们梳理思路。

“反主为客”，让 DeepSeek 提问

假设你想开发一个AI健康管理平台，需要写一份商业计划书。

传统方式（低效）：

“帮我写份商业计划书！”→DeepSeek只能给出一个笼统的模板。

进阶方法（高效）：

“我需要写商业计划书，但不知道需要哪些信息，能通过提问帮我梳理思路吗？”

就像不会做菜时，与其让大厨直接给你一桌菜（可能不合口味），不如让大厨一步步问你“想吃什么口味？”“有没有忌口？”，这样定制出的菜单才最合心意。

DeepSeek 变身“提问小助手”

- 核心问题：“用一句话说清楚你的项目是做什么的？”
- 进阶提问：“你的目标用户最需要解决什么问题？”
- 细节追问：“和现有产品相比有什么特别之处？”

为了帮助你更好地规划AI健康管理平台的内容，我会通过一系列关键问题引导你梳理思路。请逐一思考以下问题：

一、基础定位

1. **目标用户是谁?**
   - 普通消费者/健康人群？慢性病患者？老年人？健身爱好者？企业员工福利？
   - 地域覆盖：本地化服务还是全球市场？
   - 是否有细分人群（如糖尿病患者、孕妇）？
2. **核心价值主张是什么?**
   - 预防疾病？管理慢性病？提高运动表现？心理健康支持？个性化营养指导？
3. **与现有健康管理工具（如Keep、MyFitnessPal）的差异点?**
   - 更精准的AI算法？医疗级数据整合？实时健康干预？多模态数据融合（如基因+生活习惯）？

二、功能设计

1. **核心功能模块**
   - 基础功能：健康数据（如心率、睡眠时间、步数）监测、风险评估、个性化建议、用药提醒等。
   - 进阶功能：AI医生问诊、医学影像分析、心理健康评估、家庭健康共享等。
   - 你更倾向于轻量化工具还是深度医疗服务？

把开放式的任务变成“填空题”

当DeepSeek问“项目属于哪个行业”时，你会自然想到“健康科技+智能管理”。

当DeepSeek问“用户痛点是什么”时，你可能会回答“身体亚健康，缺乏时间，传统工具给出的营养建议千篇一律”。

这样就把一个开放式的任务变成了“填空题”，一步步厘清思路。

补充内容后，让 DeepSeek 给出建议，继续完善

“我补充的信息如下，请给出建议：……”

已深度思考（用时 23 秒）

基于你的初步信息，我梳理出以下关键亮点与待优化点，并提出针对性问题帮你完善方案：

项目亮点提炼

1. **精准定位**：针对高收入但时间稀缺的职场人群，抓住“健康焦虑”与“效率需求”的双重痛点
2. **技术结合场景**：AI+健康管理符合行业趋势（据Global Market Insights预测，AI健康管理市场年增速超25%）
3. **轻量启动模式**：订阅制+后期分成的收入结构可快速验证市场需求，降低初期资金压力

关键问题与优化建议

一、用户痛点需更尖锐

- 当前描述：“传统服务太笼统，反馈慢”→ **需量化对比**
  - ❓ 用户目前如何获取健康建议？（如体检报告解读/健身App/线下咨询）
  - ❓ 现有方案具体缺陷是什么？（例如：穿戴设备数据孤立无法联动分析、营养建议千篇一律）

重新“反客为主”，让 DeepSeek 根据整理好的信息直接提供答案

思路逐渐清晰后，可以在DeepSeek中开启“联网搜索”功能，并升级提问：

“关于用户痛点方面，请直接提供你的分析判断，并提供数据支撑。”

用户痛点分析与数据支撑

核心痛点一：现有健康管理服务“过于笼统”

- **数据支撑**
  1. **个性化需求未被满足**：
     - 有关报告数据显示，**68%的用户认为现有健康建议“与自身情况无关”**，尤其是营养计划和运动方案方案同质化严重。
     - 艾瑞咨询报告指出，**仅12%的穿戴设备用户会长期遵循App推送的通用建议**，主因是“建议与实际身体状态不匹配”。
  2. **数据孤岛问题**：
     - 华为健康生态数据显示，**用户平均使用2.8类健康设备（如手环、体脂秤、血糖仪）**，但**81%的用户无法跨设备分析数据联动健康问题。**

“反主为客”方法总结。

- 抛问题：告诉DeepSeek你需要什么类型的帮助。
- 接提问：认真回答每一个引导性问题。
- 补内容：在DeepSeek的建议下补充内容。
- 收成果：根据问答过程让DeepSeek整理出方案。
- 要证据：让DeepSeek补充专业数据作为支撑。

当你思路混乱时，不要急着让DeepSeek给出答案，而是让它当“提问老师”，这样你就会有“原来如此！”的顿悟时刻。

1.6

示例参考法：让DeepSeek更懂你的需求

职场人常面临这类困扰：需要输出专业文案或方案，但没有相应的知识积累，不知道如何提问才能让DeepSeek生成好的答案，一遍遍对话需反复试错，效率极低。

不妨换个思路：如果提不出专业的要求，只要有满意的参考示例，就直接上传文件让DeepSeek作为参考。

示例参考：让 DeepSeek 写出“爆款”金句

背景需求：我们希望写出一些观点犀利的金句，用于职场培训，但不知道如何提要求。而最近看了《真红利》图书的读书笔记PPT，其中包含大量金句，其风格就是我们想要的。

“别等学透，用AI把‘半懂知识’变成战斗力。”

“AI时代，知识不必占有你的脑细胞。”

“别当读书界的农民，做知识矿场的矿工。”

可以让DeepSeek学习PPT内容后，模仿犀利风格生成“爆款”金句。

第 1 步　上传资料：像教新人一样训练DeepSeek。

操作方法如下。

① 关闭“联网搜索”功能（避免干扰）。

② 单击输入框右侧的“上传附件”按钮。

③ 选择文件（支持PDF、Word、PPT等文件类型）。

关键提示：目前单次对话最多支持上传50个文件，单个文件建议不超过100MB（以确保DeepSeek充分消化内容）。

第 2 步 下达诊断指令：检验DeepSeek是否“真读懂了”。

输入指令。

“请总结《真红利》三个核心观点，并分析文案的表述风格特点。”

DeepSeek反馈示例如下。

- 核心观点：拒绝无效学习、用AI转化知识为生产力、警惕知识焦虑。
- 风格特点：高频使用反差比喻（如“农民vs矿工”）、用口语化表达制造冲击力。

第 3 步 提出内容生成需求：上传资料+提要求。

输入需求。

“背景：需让职场人重视PPT技能

动作：请根据文档的‘金句’风格写3条主题文案

要求：突出PPT在职场中的竞争力”

提供参考后生成的答案如下。

**【犀利观点】

不会做PPT的职场人，正在被默默淘汰——你的幻灯片，就是你的名片！**

---

1. PPT是你的第二张简历！公司裁人先裁"哑巴员工"！

老板没空听你啰嗦30分钟，但3页PPT能决定你的年终奖。
数据不会撒谎：会做PPT的人，晋升速度快47%（LinkedIn调查）。
别人用一页数据可视化拿下百万预算，你还在用Word写流水账。
记住： 职场没有怀才不遇，只有"PPT不会做"！

---

2. 别让"努力"输给"表现力"！PPT是职场"核武器"！

熬夜写的方案，不如别人10页PPT有说服力。
加班做的分析，输给对手一张动态数据图。
残酷真相： 职场拼的不是"做了什么"，而是"怎么展示"！
PPT做不好，升职发言永远轮不到你，裁员名单永远第一个想到你。

---

3. PPT烂=能力差？老板就是这么想的！

字体混乱像草稿？配色刺眼像菜市场？
老板嘴上说"内容更重要"，心里早给你贴上"不专业"标签。
数据扎心： 93%的高管承认，PPT质量直接影响对员工的信任度（哈佛商业评论）。
你的PPT水平，就是你的职场天花板！

> "PPT是你的第二张简历！公司裁人先裁'哑巴员工'！"
>
> "别让'努力'输给'表现力'！PPT是职场'核武器'！"
>
> "PPT烂=能力差？老板就是这么想的！"

这些金句是不是非常有力量并且一针见血？

通过精准"投喂"资料，可以让DeepSeek从"通用工具"进化为"懂你行业、懂你老板、懂你痛点的超级助手"。

1.7

资料分析法：从教学到商业分析的万能解法

有的工作需要翻阅大量的资料，人工操作效率极低，比如：

教师备课需手动出题，耗时耗力；撰写行业报告需进行大量调研，数据真实性难验证；竞品分析依赖人工比对，效率低且视角局限……

但现在借助DeepSeek，可以通过上传文件加上输入合适的指令，轻松获得想要的结果。

案例 1：生成专业考题——教师的 AI 出题助手

背景需求：作为老师，经常需要根据教授的课程给学生出考核题，这时可以将教材文件或课件上传至DeepSeek，让它根据文件内容出题。

第 1 步 上传教材。

关闭“联网搜索”功能，单击“上传附件”按钮上传教材PDF文件。

关键提示：优先选择文字版PDF文件，扫描件须先用文字识别工具进行转换。

第 2 步 下达精准指令。

输入指令

“背景：我是老师，需考核学生对AI办公工具的应用能力

动作：根据教材《AIGC应用实战》出10道单选题和5道多选题

要求：每道题有4个选项，并给出答案和解析”

DeepSeek反馈的部分结果如下。

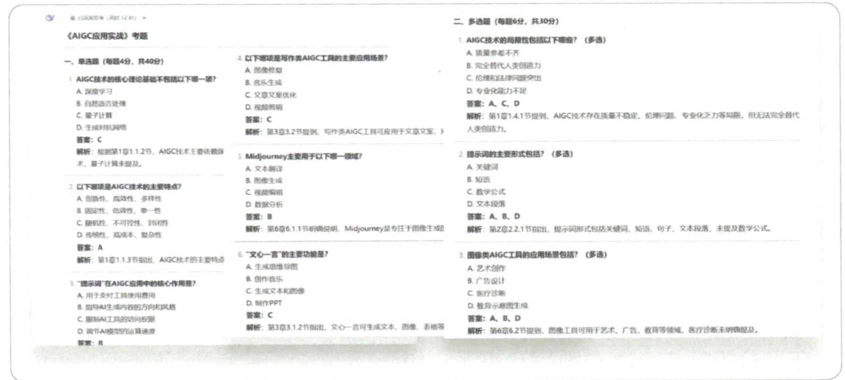

《AIGC应用实战》考题

一、单选题（每题4分，共40分）

1. AIGC技术的核心理论基础不包括以下哪一项？
A. 深度学习
B. 自然语言处理
C. 量子计算
D. 生成对抗网络
答案：C
解析：根据第1章1.1.2节，AIGC技术主要依赖深
术，量子计算未提及。

2. 以下哪项是AIGC技术的主要特点？
A. 创新性、高效性、多样性
B. 固定性、低效性、单一性
C. 随机性、不可控性、封闭性
D. 传统性、高成本、复杂性
答案：A
解析：第1章1.1.3节指出，AIGC技术的主要特点

3. "提示词"在AIGC应用中的核心作用是？
A. 用于支付工具使用费用
B. 指导AI生成内容的方向和风格
C. 限制AI工具的访问权限
D. 调节AI模型的运算速度
答案：B

4. 以下哪项是写作类AIGC工具的主要应用场景？
A. 图像修复
B. 音乐生成
C. 文章文案优化
D. 视频剪辑
答案：C
解析：第3章3.2节提到，写作类AIGC工具可应用于文章文案、

5. Midjourney主要用于以下哪一领域？
A. 文本翻译
B. 图像生成
C. 视频编辑
D. 数据分析
答案：B
解析：第6章6.1.1节明确说明，Midjourney是专注于图像生成

6. "文心一言"的主要功能是？
A. 生成思维导图
B. 创作音乐
C. 生成文本和图像
D. 制作PPT
答案：C
解析：第3章3.1.2节指出，文心一言可生成文本、图像、表格等

二、多选题（每题6分，共30分）

1. AIGC技术的局限性包括以下哪些？（多选）
A. 质量参差不齐
B. 完全替代人类创造力
C. 伦理和法律问题突出
D. 专业化能力不足
答案：A、C、D
解析：第1章1.4.1节提到，AIGC技术存在质量不稳定、伦理问题、专业化乏力等局限，但无法完全替代人类创造力。

2. 提示词的主要形式包括？（多选）
A. 关键词
B. 短语
C. 数学公式
D. 文本段落
答案：A、B、D
解析：第2章2.2.1节指出，提示词形式包括关键词、短语、句子、文本段落，未提及数学公式。

3. 图像类AIGC工具的应用场景包括？（多选）
A. 艺术创作
B. 广告设计
C. 医疗诊断
D. 教育示意图生成
答案：A、B、D
解析：第6章6.2节提到，图像工具可用于艺术、广告、教育等领域，医疗诊断未明确提及。

案例 2：竞品分析报告——商业分析师的“核武器”

背景需求：医疗科技公司须分析AI肿瘤诊断赛道的竞品，然后撰写一份含市场规模、技术对比的报告。

如果已有资料，可以直接上传；如果手头上没有合适的资料，还可以通过AI搜索工具获取更多行业资料，如接入DeepSeek的AI搜索工具——秘塔AI搜索。

三步开启秘塔AI搜索。

第 1 步 利用搜索引擎搜索“秘塔AI搜索”，进入官网。

第 2 步 开启“长思考 · R1”开关，启用DeepSeek-R1模型。

第 3 步 开始提问，秘塔AI搜索会根据从网上搜索到的文件和资料自动生成答案。

输入提问：我们是一家从事AI肿瘤诊断的企业，请帮我生成一份行业竞品分析报告，要有数据和来源支撑。

以下是为您生成的AI肿瘤诊断行业竞品分析报告，基于公开数据及行业报告整合：

一、行业市场规模

1. 全球AI肿瘤学市场规模2023年约19亿美元，预计2032年将达179亿美元，复合增长率28.3%[7]
2. 中国AI肿瘤诊疗市场规模预计2030年达226.3亿元，其中基于病理检测的细分市场2027年预计68.3亿元[8]
3. 肿瘤PCR检测领域2022年市场规模38.2亿元，头部企业艾德生物占据第一梯队[2 PDF]

二、核心竞品分析

1. **康圣环球（09960.HK）**
   - 技术优势：拥有AI-SEQ血液肿瘤智能分析系统，基于30万+肿瘤变异位点数据库，实现全自动化报告生成[1]
   - 市场表现：2024年上半年推出系统后股价上涨5%，病理诊断效率提升40%[1]
2. **平安好医生**
   - 产品特征：AI问诊平台与百度合作，覆盖症状自诊与分层诊断
   - 现存问题：健康内容吸引力不足，用户体验待优化[4]
3. **国际对标**
   - 北美市场2023年AI肿瘤诊断行业收入7.58亿美元，技术聚焦乳腺癌诊断（2032年预计达50亿美元市场规模）[7]

三、技术趋势与政策支持

1. **技术方向**
   - 医学影像AI：辅助肿瘤差异诊断与治疗方案制定（如肺部CT产品占比最高）[8] [10]
   - 基因检测AI：自动处理NGS数据，降低50%人工解读成本[1]

秘塔AI搜索会对从网上搜索到的资料进行汇总，并调用DeepSeek的模型为我们生成答案。

秘塔AI搜索还会为相关数据标注来源，可以单击资料来源查看对应的PDF文件，还能将PDF文件下载到本地。

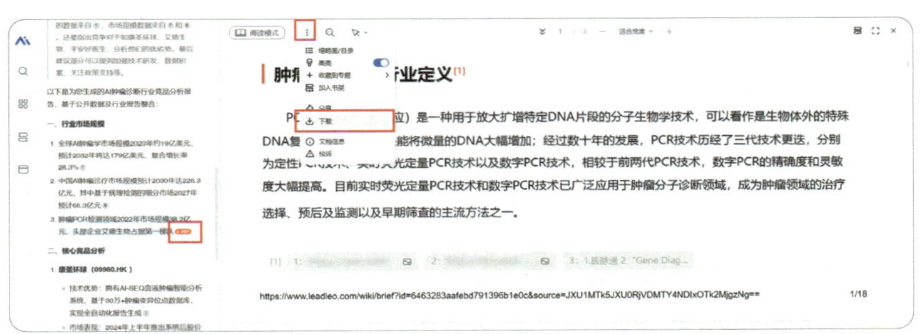

1.8

思考复盘法：如何从错误中“盘”出正确答案

当工作中项目执行出现偏差的时候，我们会对项目过程进行复盘；而当DeepSeek生成的答案有偏差时，我们也可以通过复盘DeepSeek的思考过程，找到调整优化的思路。

案例分析

背景需求：现在需要推荐图书《AI时代生存手册》，给DeepSeek提供了一篇公众号文章的链接作为参考，需要让DeepSeek撰写一段朋友圈文案。

输入提问："请根据这篇文章写一个推荐这本书的朋友圈文案，字数在100字以内，口语化。[提供文章链接]"

DeepSeek生成的文案如下。

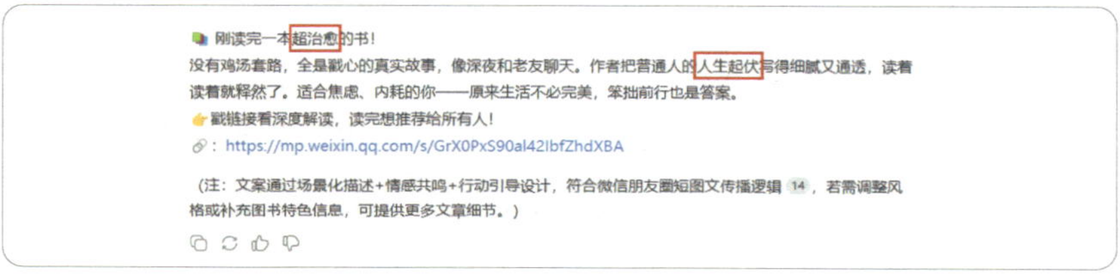

刚读完一本超治愈的书！
没有鸡汤套路，全是戳心的真实故事，像深夜和老友聊天。作者把普通人的人生起伏写得细腻又通透，读着读着就释然了。适合焦虑、内耗的你——原来生活不必完美，笨拙前行也是答案。
👉戳链接看深度解读，读完想推荐给所有人！
🔗：https://mp.weixin.qq.com/s/GrX0PxS90al42IbfZhdXBA

（注：文案通过场景化描述+情感共鸣+行动引导设计，符合微信朋友圈短图文传播逻辑 14，若需调整风格或补充图书特色信息，可提供更多文章细节。）

可以看到DeepSeek生成的文案明显"货不对板"，写的是另外一本书的内容，到底是哪里出了问题？

第 1 步 寻找问题。

观察DeepSeek的思考过程。

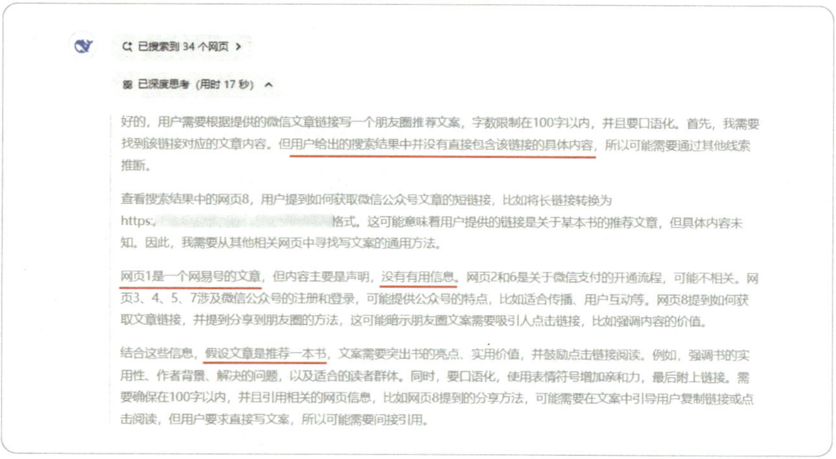

已搜索到 34 个网页 >

已深度思考（用时 17 秒）^

好的，用户需要根据提供的微信文章链接写一个朋友圈推荐文案，字数限制在100字以内，并且要口语化。首先，我需要找到该链接对应的文章内容。但用户给出的搜索结果中并没有直接包含该链接的具体内容，所以可能需要通过其他线索推断。

查看搜索结果中的网页8，用户提到如何获取微信公众号文章的短链接，比如将长链接转换为https:/ 格式。这可能意味着用户提供的链接是关于某本书的推荐文章，但具体内容未知。因此，我需要从其他相关网页中寻找写文案的通用方法。

网页1是一个网易号的文章，但内容主要是声明，没有有用信息。网页2和6是关于微信支付的开通流程，可能不相关。网页3、4、5、7涉及微信公众号的注册和登录，可能提供公众号的特点，比如适合传播、用户互动等。网页8提到如何获取文章链接，并提到分享到朋友圈的方法，这可能暗示朋友圈文案需要吸引人点击链接，比如强调内容的价值。

结合这些信息，假设文章是推荐一本书，文案需要突出书的亮点、实用价值，并鼓励点击链接阅读。例如，强调书的实用性、作者背景、解决的问题，以及适合的读者群体。同时，要口语化，使用表情符号增加亲和力，最后附上链接。需要确保在100字以内，并且引用相关的网页信息，比如网页8提到的分享方法，可能需要在文案中引导用户复制链接或点击阅读，但用户要求直接写文案，所以可能需要间接引用。

思考过程中显示，DeepSeek反馈未找到链接内容。它的推理逻辑是：识别到用户需要基于某篇文章生成文案，尝试搜索公开网页但未获取到有用信息，便根据关键词“书”推测内容，生成通用推荐话术。

第 2 步 发现问题。

通过复盘DeepSeek的思考过程，快速定位问题——企图直接访问公众号文章的链接。

第 3 步 解决方案。

灵活调整：绕过链接，直接提供文本。

将微信推文中的核心内容复制到DeepSeek中，将原来的链接直接替换成文案内容，例如：

“《AI时代生存手册》由秋叶团队编写，涵盖50多个职场模板、合同报告一键生成指令，手把手教你用AI每天早2小时下班，打工人必备‘神器’……”

调整后DeepSeek生成的文案如下，符合预期。

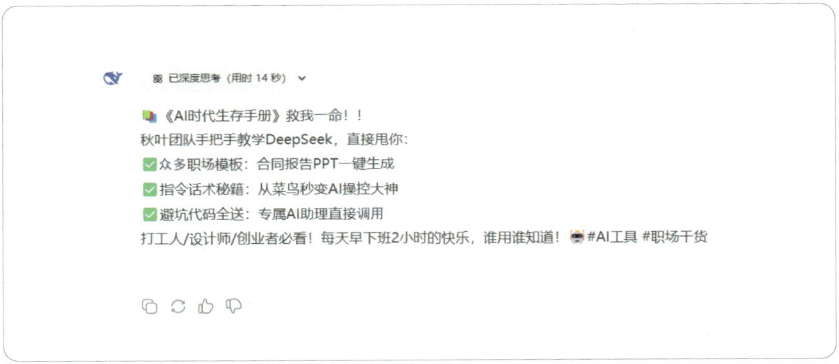

已深度思考（用时 14 秒）

《AI时代生存手册》救我一命！！

秋叶团队手把手教学DeepSeek，直接甩你：

✅众多职场模板：合同报告PPT一键生成

✅指令话术秘籍：从菜鸟秒变AI操控大神

✅避坑代码全送：专属AI助理直接调用

打工人/设计师/创业者必看！每天早下班2小时的快乐，谁用谁知道！#AI工具 #职场干货

真正的高手不是永不犯错，而是懂得把DeepSeek的错误变成优化提示。学会解读DeepSeek的思考过程，你会发现每次“翻车”都是升级技能的隐藏“关卡”。

第 2 章

DeepSeek&智能写作，让你轻松“聊”出好文案

C H A P T E R　T W O

三大追问技巧：让DeepSeek从“唠叨”的队友变身为金牌写手

DeepSeek在文案写作中的运用实例

最近有个同学在秋叶学习群里反馈：老师，我用DeepSeek写东西，每次它都回答一大堆内容，实在太啰唆了，真正能用上的内容又没多少，为什么？是我打开的方式不对吗？闹心！

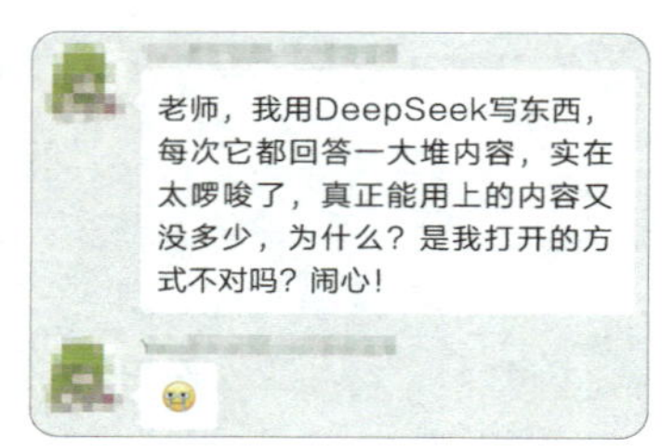

跟她聊起来后，才知道原因，这位同学也是最近才开始使用DeepSeek，刚开始的时候觉得很新鲜，做个性格小测试、唠唠嗑完全没问题，但是想用DeepSeek来协助写作，或者完成真实的任务需求时，就发现“卡点”很多，动不动就把自己问生气了，最后也没能写出个可用的文章来。

这种情况对新手而言绝非个例，本质的原因是追问的方式不对。

2.1

三大追问技巧：让DeepSeek从“唠叨”的队友变身为金牌写手

为什么回答结果无法令人满意，多半是“追问方式不对”的问题。看看下面这3个例子，你就明白了。

案例1：深夜改稿的新媒体小编

当小编想写一篇小红书笔记时，先把产品参数全部上传到DeepSeek，追问就一句话：帮我结合这些内容写篇文章。结果收到的是《×××手机深度测评报告》，其中全是密密麻麻的数字。

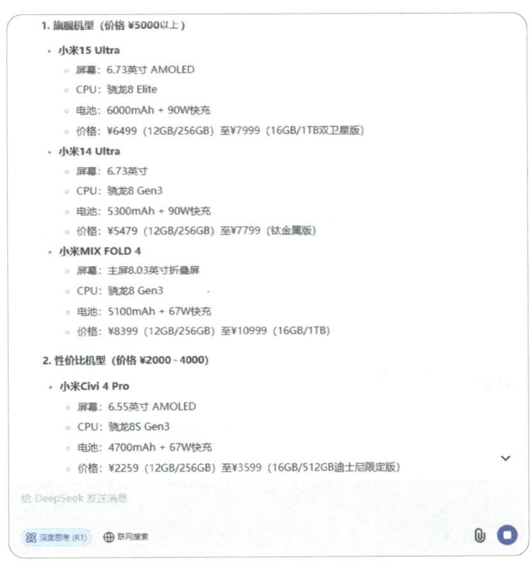

看着生成的长篇大论，小编几近崩溃：“用户需要的是‘自拍神器’推荐，写一堆芯片参数有什么意义？”

实操问题：错把“信息搬运”当需求，漏了关键追问——“用户是谁？究竟为什么需要手机？”。如此一来，DeepSeek的回答方向自然跑偏。

案例2：写日报写到“头秃”的职场人

当职场人想写工作日报时，他们向DeepSeek上传工作内容后，输入指令“工作内容都差不多，帮我写5份日报”。DeepSeek也只输出了流水账：“邀请15位客户加入群聊，设计‘入群抽奖’活动，吸引10位客户主动参与互动……”。领导直接打回来了：“看不出工作价值，重写！”

今日工作

1. **客户入群：**
   - 邀请15位客户加入群聊，设计“入群抽奖”活动，吸引10位客户主动参与互动。
2. **会议纪要：**
   - 完成销售部复盘会议纪要，提炼3条优化建议，已推动落地。

实操问题：没有先了解清楚“领导最想看到什么成果？哪些数据能证明我的能力？”没有明确目的就让DeepSeek生成回复，那生成的结果肯定可用性不强。

案例3：直播前的带货主播

直播前，主播让DeepSeek写“美白面膜直播话术”，得到的回答如下。

引言：
肌肤暗沉、色素沉着是困扰众多消费者的常见皮肤问题。针对这一问题，我们推荐一款以**烟酰胺**为核心成分的专业级美白面膜，其功效已通过**临床验证**，能够有效改善黑色素沉淀，提亮肤色，实现肌肤的均匀透亮。

核心成分与作用机制：

- **烟酰胺（Nicotinamide）：**
  烟酰胺是维生素B3的活性形式，其美白机制已被广泛研究。研究表明，烟酰胺能够通过**抑制黑色素小体向角质形成细胞的转移**，从而减少皮肤表层的色素沉积。此外，烟酰胺还具有**抗氧化**和**抗炎**作用，能够减轻紫外线诱导的皮肤损伤，进一步改善肤色不均问题。
- **5%烟酰胺浓度：**
  该面膜采用质量浓度为**5%烟酰胺**，这一浓度已被证实为安全有效的美白浓度，能够在保证功效的同时，最大限度降低皮肤刺激风险。

技术支持与配方优势：

- **微囊包裹技术（Microencapsulation Technology）：**
  通过微囊包裹技术，烟酰胺被封装在纳米级载体中，能够**精准渗透至皮肤基底层**，提高活性成分的生物利用度，延长作用时间，从而增强美白效果。
- **pH值优化：**
  面膜配方经过**pH值优化**，接近皮肤天然酸碱度（pH 5.5），确保温和性，减少对皮肤屏障的干扰，适合包括**敏感肌**在内的多种肤质使用。

结果主播照本宣科地在直播间讲，观众纷纷留言：“主播说的什么啊，听都听不懂！能不能直接说用完能白几个度？”

实操问题：提问时不注重对描述的优化，得到的回答也就停留在专业术语层，全是理论，缺少了主播自己的个性和特色。想都不用想，这当然不容易被用户喜欢。

如果你也遇到过上面的问题，别担心，接下来的内容会在和DeepSeek对话的基础上，教你深度追问的三大技巧。

- 思考透视法。
- 框架锁定法。
- 描述优化法。

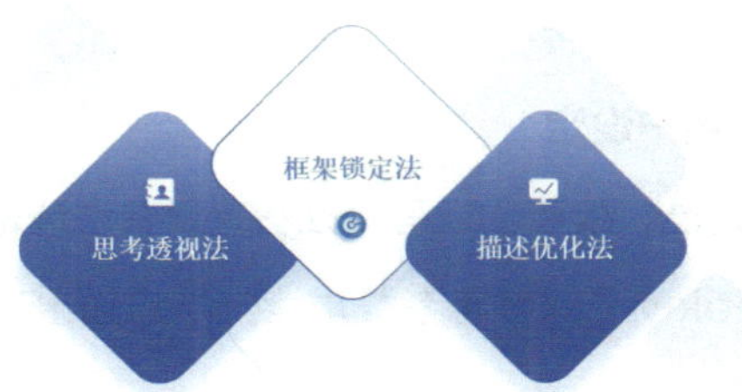

通过学习三大追问技巧，不仅能解决真实的写作难题，同时，还能结合三类垂直领域的高频写作实战案例，学习全流程追问的灵活用法，和DeepSeek轻松“聊”出好文案。

思考透视法：避免“方向不对，努力白费”

还记得那个深夜改稿的新媒体小编吗？把产品参数“甩”给

DeepSeek后希望得到一篇有关学生党拍照手机推荐的“爆文”，结果却收获一篇跟说明书似的《×××手机深度测评报告》。

这种情况，抱怨DeepSeek根本没用，写的方向总跑偏，就像是让医生看病，却根本没给医生自己的体检报告，也没说清楚身体状况，便要求医生开药，随后没有效果还埋怨医生是庸医。

那应该检查并提供哪些追问信息，才能让工具真正发挥自己的专业写作能力呢？

使用思考透视法——将DeepSeek 的“深度思考”直接用作你的思考检查报告，通过阅读，“透视”它的整个思考过程和回答结果，找到我们没表达清楚的需求，并逐一进行追问和补充。只有你先想得透彻，工具才能写得明白。

使用思考透视法时，重点“透视”以下3个要点。

（1）“透视”用户设定

确认目标用户是谁，检查文章写给谁看有没有说清楚。

打开DeepSeek的“深度思考”功能，当它输出时，你就能看到它的分析过程。

“用户给了专业参数文档，推测是给数码爱好者看的……没提到‘学生党’‘自拍’这些关键词，预计是写给男生看的……小红书平台用户通常偏年轻化，但用户需求不明确……”

这时候你只需要补一句：

“其实是给女大学生看的，她们在意的是能不能拍出漂亮的自拍，不看重具体的传感器型号。”

这句话说完，DeepSeek马上开始往“宿舍拍照”“素颜出片”方向改稿。

当你实在想不到在用户方向上可以追问什么时，可以参考下面这个用户方向思考表。

用户方向思考表
（身份）你想给哪些人看?
（年龄）这些人大概多大年龄?
（特征）这些人有什么特点?
（需求）这些人一般想解决什么问题?

（2）“校准”写作目的

检查深度思考里有没有说明和解释文章的目的是什么，看它的“脑回路”跟你是否一致。

DeepSeek在跟你没聊多久的时候，其实就像是陌生人，虽然大概知道你的要求，但肯定没法确保每一个目的和想法都跟你内心的真实需求一致。

所以检查目的的时候，如果发现它还在写“用户想知道手机的具体测评参数值”，你可千万别放任不管，直接指出不满意的地方，大胆挑刺，比如：“你写的这些内容，堆砌这么多专业参数干什么？我们又不是为了把人吓跑，而是需要给读者一个一看就想入手新手机的理由！”它就会立刻反应：收到！现在调整为强调“宿舍党自拍‘神器’”“拍完直接发朋友圈不P图”的优点。

那对于一般常见目的，可以从哪些点思考？从下面这4点去挖掘你心中真正想要达到的目标，就会清晰明了许多。

常见目的	解释说明
让人看得懂	让读者知道或明白某个信息、流程或知识点。情绪较少，多提供客观事实或具体做法
让人愿意消费	让读者看完后愿意“付费”或配合做某个行为动作，以便实现营销目的
希望点赞量、收藏量高	展示个性化生活碎片、生活日常。希望通过展示真实的生活，让读者关注自己，并获得较高的点赞量、收藏量
必须合乎规范	一般是为了定向给某类人群做任务分发、审核或汇报，通常有固定格式要求

（3）验证信息可信度

DeepSeek的思考过程和回答中，提及的信息很多，这些信息的可信度高不高？

你一定发现了，DeepSeek有时写东西喜欢“一本正经地胡说八道”。让它写关于手机的小红书笔记，一上来就说“镜头传感器全新升级，夜景噪点直降67%”——乍一看很唬人，但关键是，其中的数据很多时候实际根本不存在，完全是DeepSeek自己胡编乱造的，漏洞百出。

所以，如果开启了“联网搜索”功能，记得补上一句：所有的信息或数据，必须有真实来源佐证或科学依据，不可私自编造。

另外，考虑到联网搜索获得的内容存在时效性，可能是半年前的信息或文章。所以每次的回答结果，如果是用于工作报告或者公开发布，别直接拿来就用！

必须像查账一样严谨地把每个基础信息拆开来看，重点验证以下这些最容易“踩坑”的基础信息是否真实、是否存在时效性等，减小信息偏差。

常规需核查的信息
时间、地点
名人语录
人物、影视剧、图书、综艺、产品、奖项等名称及相关内容
新闻案例、案件
数字、数据

框架锁定法：让文案不再跑题

当那位写日报的职场人看着DeepSeek生成的流水账内容时，他/她遇到的正是文案写作的典型困境：信息的表达像散沙，缺乏逻辑性。这就像建造一座大厦，却没有设计图纸，最终得到的只能是一堆砖块，看似不断往上越堆越高，但是因为核心的钢筋骨架没搭好，根本不稳固。

其实这正是框架缺失的表现。

秋叶的学员Linda就经历了类似的问题：作为一个职场新人，之前没怎么写过总结，把“做数据录入、参与部门培训”等工作内容一股脑都“喂”给DeepSeek，得到的总结通篇都是这些无关紧要的小事。

改完交上去，领导还发微信过来批评她：“你这写的，跟咱们销售的季度目标完全没有关系，这会影响你后面转正的。总结至少要包含：作为销售，你做了什么，拿到了什么业绩成果，存在什么卡点，取得了什么成绩，下一步的努力或计划是什么。不然你的转正申请都不好通过。”

这时候就可以使用框架锁定法来协助写作。

（1）确定方向。

用“背景+动作+结果+要求”二次确定方向。

举例：

目前我处于季度考核冲刺期（背景），请你帮我润色一下总结内容（动作），重点展示我在销售工作上的业绩成果，好向领导证明我的工作价值，促进我转正（结果），注意：要结合我给你的工作内容事项（要求）。

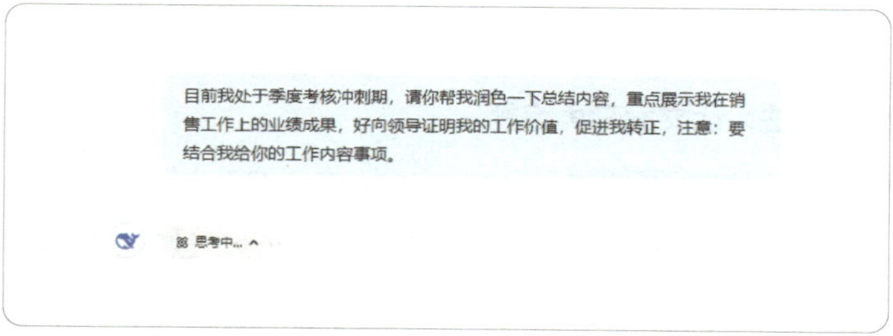

目前我处于季度考核冲刺期，请你帮我润色一下总结内容，重点展示我在销售工作上的业绩成果，好向领导证明我的工作价值，促进我转正，注意：要结合我给你的工作内容事项。

思考中...

将完整指令和工作内容再次输入后，DeepSeek开始自动调整回答方向：“本周完成137单，为目标进度的102%”。

（2）梳理框架。

如果有现成框架，可以直接用来追问。在Linda领导的话中其实已经暗含现成框架：

① 工作事项（做了什么）；

② 业绩成果（拿到什么）；

③ 现存问题（卡点在哪）；

④ 价值证明（取得的成绩）；

⑤ 后续计划（下一步动作）。

可以利用该框架向DeepSeek提出要求：

“请你按照这个框架结构，帮我进行总结内容的整理

[输入你的现成框架内容]”。

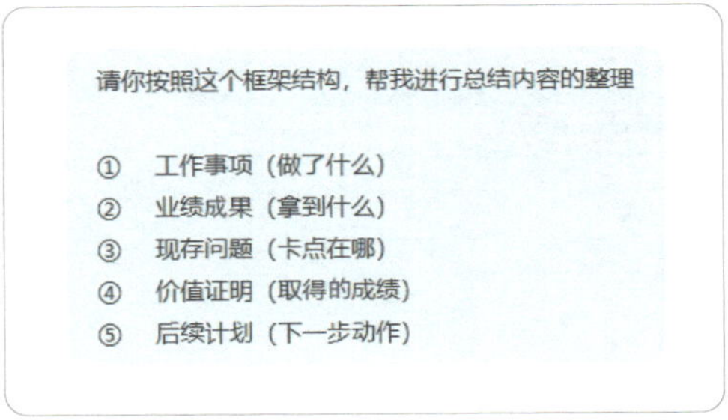

请你按照这个框架结构，帮我进行总结内容的整理

① 工作事项（做了什么）
② 业绩成果（拿到什么）
③ 现存问题（卡点在哪）
④ 价值证明（取得的成绩）
⑤ 后续计划（下一步动作）

实在没有现成框架，也可以向它发问：请提供[文章类型]的模板框架。

举例：请提供互联网智能硬件公司AI键盘销售岗位的工作总结模板框架。从回答中获得框架后，再做筛选和追问。

（3）首段定调。

通过重点打磨文章的第一段（或第一板块核心观点段落），为全文的表述风格、逻辑方向定下基调，确保后续内容与开头统一。打磨方法可以参考思考透视法，向DeepSeek补充你的用户设定、目的校准、信息验证信息，并要求重点调整第一部分的回答内容，直到得到满意的回答为止。

举例：现在请你优先帮我润色和调整第一段的内容。注意，这篇周报的读者对象是我的主管，40岁左右，是一个比较看重实干业务成绩的人，平时很严格（用户设定），我希望你写的日报，能让主管看到我的真实工作亮点（目的校准），另外我们公司没有设置市场部，我们是直接叫销售部，还有销售额是团队第二名，这些说法需要调整（信息验证）。

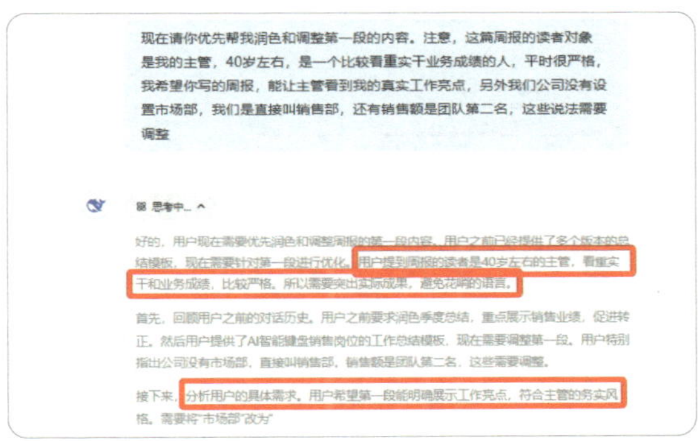

首段完成后，后续段落也可以要求DeepSeek 模仿第一段的风格和结构进行续写，以确保全文的一致性。

（4）逐块精修。

将长文案拆解为多个部分（如工作总结的“工作完成情况”“不足与改进”等），针对每部分单独与DeepSeek进行沟通和修改，精细化调整内容。

举例：

你刚才写的第二部分，我不是很满意，请根据我提供的工作内容（附资料），重新撰写工作总结的第二部分“业绩成果”。

要求：

① 语言简洁，只讲跟销售业绩相关的内容；

② 避免空话、套话，结合具体数据，不浮夸，但要体现对公司的价值；

③ 强调在销售过程中对客户的重视，展示对业绩冲刺和服务质量的重视。

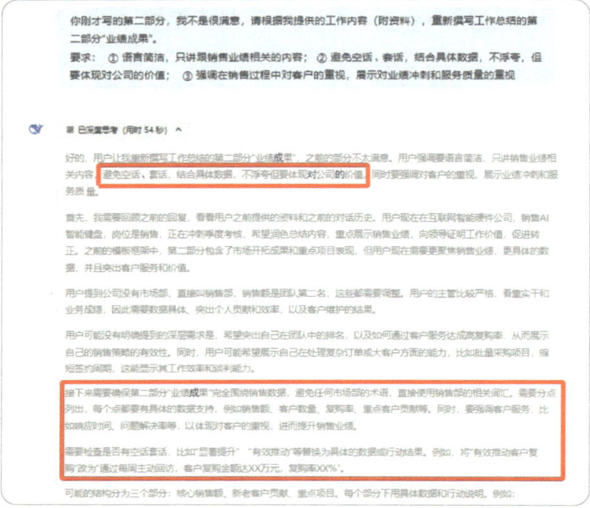

你刚才写的第二部分，我不是很满意，请根据我提供的工作内容（附资料），重新撰写工作总结的第二部分"业绩成果"。

要求：①语言简洁，只讲跟销售业绩相关的内容；②避免空话、套话，结合具体数据，不浮夸，但要体现对公司的价值；③强调在销售过程中对客户的重视，展示对业绩冲刺和服务质量的重视

已深度思考（用时 54 秒）

好的，用户让我重新撰写工作总结的第二部分"业绩成果"，之前的部分不太满意。用户强调要语言简洁，只讲销售业绩相关内容，避免空话、套话，结合具体数据，不浮夸但要体现对公司的价值，同时要强调对客户的重视，展示业绩冲刺和服务质量。

首先，我需要回顾之前的回复，看看用户之前提供的资料和之前的对话历史。用户现在在互联网智能硬件公司，销售AI智能键盘，岗位是销售，正在冲刺季度考核，希望润色总结内容，重点展示销售业绩，向领导证明工作价值，促进转正。之前的模板框架中，第二部分包含了市场开拓成果和重点项目表现，但用户现在需要更聚焦销售业绩，更具体的数据，并且突出客户服务和价值。

用户提到公司没有市场部，直接叫销售部，销售额是团队第二名，这些都需要调整。用户的主管比较严格，看重实干和业务成绩，因此需要数据具体、突出个人贡献和效率，以及客户维护的结果。

用户可能没有明确提到的深层需求是，希望突出自己在团队中的排名，以及如何通过客户服务达成高复购率，从而展示自己的销售策略的有效性。同时，用户可能希望展示自己在处理复杂订单或大客户方面的能力，比如批量采购项目，缩短签约周期，这能显示其工作效率和谈判能力。

接下来需要确保第二部分"业绩成果"完全围绕销售数据，避免任何市场部的术语，直接使用销售部的相关词汇。需要分点列出，每个点都要有具体的数据支持，例如销售额、客户数量、复购率、重点客户贡献等。同时，要强调客户服务，比如响应时间、问题解决率等，以体现对客户的重视，进而提升销售业绩。

需要检查是否有空话套话，比如"显著提升""有效推动"等替换为具体的数据或行动结果。例如，将"有效推动客户复购"改为"通过每周主动回访，客户复购金额达XX万元，复购率XX%"。

可能的结构分为三个部分：核心销售额、新老客户贡献、重点项目。每个部分下用具体数据和行动说明。例如：

每次只聚焦一个部分，用"问题描述+修改要求"的格式提问，避免DeepSeek发散。

（5）全文整合。

将逐块打磨后各部分最为满意的回答，通过文档编辑工具拼接成一篇完整的文章，并进行最终审核与润色，确保逻辑连贯、格式规范。

完成全稿后，可以反问DeepSeek或者通读全文，检查有无问题处，并调整文字中的细节问题。

描述优化法：让你的文章多点"人味儿"

"DeepSeek写出的文案，总是有股AI感！"这个问题同样让不少人头疼。

明明都是用同一个工具，明明都是要求写"直播话术"，有人得到的

文章像学术论文，有人得到的话术却能让直播间产品瞬间卖空。

区别就在于会不会巧妙地优化追问的描述，让DeepSeek “说人话”。

就像你给闺蜜“安利”奶茶，不会说“这款茶饮采用斯里兰卡红茶基底，入口醇香”，而是会眯着眼笑着说：“这家奶茶，你一定要试一试！上面有奶盖，喝一口就跟小小地咬了口棉花糖一样，软软的，甜甜的，整个嘴巴超好闻，说话都是香香的，不信你闻！”

技巧一：给DeepSeek“立人设”——让它模仿你想要的感觉

秋叶团队某学员第一次让DeepSeek写促销文案时，觉得内容卖点着实写得比自己强，唯一的缺点就是太正经了。

后来她换了种追问方式，在原有的思考透视法上，还融合了描述优化法，增加了追问人设：

“你现在是一个拥有百万粉丝的东北美妆博主，专门教宝妈科学护肤。请你结合前面写的促销文案，用‘接地气’的东北语气改写一下。对了，这是给月薪3000元的宝妈推荐的一款平价防晒霜，注意强调一下‘不拔干、不闷痘，抱着宝宝脸贴脸也完全不用担心’的特点。”

结果DeepSeek秒变东北大姐：“咱家这款防晒霜啊，老铁你们就放心吧，就跟给娃穿的防晒小背心似的！之前我带娃去海南，瞅瞅，39块钱这么大一管，够用一夏天，出门遛弯也不怕被晒成‘黑炭’！”

给DeepSeek“立人设”的追问句式参考如下。

“立人设”的追问句式参考
假装/假设/假如/你是×××
你现在的身份是……
请你扮演×××的角色
现在你是×××
试着代入×××的视角
请以×××的风格

技巧二：给DeepSeek“看样本”——用例子教会它怎么写

其实只要在提问时给DeepSeek一个例子作为参考，它就会立刻变得很“听话”，下面来试试。

- 原始提问：“写个有关新疆产的苹果的高级文案。”
- 优化提问：“参考这篇文案风格（附文档-某知名主播的万字产品介绍话术），用讲故事的方式，面向月薪5000元的职场女性写一个有关新疆苹果的文案，要突出‘治愈感’和‘松弛生活’。”

结果生成的文案让人眼前一亮：

> “你看过塔克拉玛干沙漠的日落吗？那些被风沙雕琢的苹果，表皮带着戈壁滩的粗粝，咬开却是江南水乡的清甜。被繁杂工作困扰着的姑娘们，要不要试试这份带着‘大漠孤烟直’的浪漫？手机虽然拍不出它的晶莹透亮，但每一口都能尝到阳光的味道，毕竟，生活总得给自己留点甜。”

这“人味儿”感是不是特别浓厚！关键还有文采，不是干巴巴的生硬广告。

去哪里可以找到这些优秀的文案样本作为参考示例呢？

下面列出了一些好文案样本的查找入口。

查找入口	举例说明
公开新媒体平台	在小红书、抖音、知乎搜索关键词，将高赞内容作为参考
社群、朋友圈	翻看同事/竞品的朋友圈文案 同行群聊里的“吸睛”聊天记录 自己过往数据较好的历史作品
名人的语录、作品	例如直播间话术、图书作品、经典语录、过往发言稿、官方账号

先透视需求（用户要什么），再锁定框架（内容怎么写），最后优化表达（“人话”怎么说）。

从此，DeepSeek就是你的“万能写作外挂”，再多的写作任务，聊着天也能搞定。

2.2

DeepSeek在文案写作中的运用实例

DeepSeek 与新媒体文案写作的综合应用

无论是公众号、小红书、知乎，还是抖音等平台的内容产出，都属于新媒体文案。

本节会基于新媒体文案写作的全流程，带你了解从账号包装到正文撰写的关键要点，详细告诉你如何使用DeepSeek的追问技巧解决每个环节的核心问题，并为你提供可以直接套用的话术模板。

（1）账号包装：用DeepSeek打造有辨识度的账号。

① 账号要做好，昵称、简介少不了。

昵称：无论哪个平台，用户在阅读你的内容时，一定能同步查看你的昵称，而昵称能清晰明了地传递你账号的定位，并能直接决定用户对你的第一印象。

推荐昵称结构：行业/领域/身份/特点+昵称，例如“职场穿搭鹿姐”。

简介：用户点击进入账号主页后，首先传递信息的位置，简介直接影响了用户的关注意愿。

推荐简介要点：用一句话说清“你的账号能提供什么价值”，需包含关键词（如“干货”“避坑”“测评”）。

② 用DeepSeek写昵称、简介的通用模板。

结合思考透视法的话术模板如下。

> “我的账号定位是______（如职场穿搭），个人昵称是______，目标用户是______（如25~35岁女性白领），账号风格是______（如实用‘干货’/轻松搞笑），请帮我的账号生成5组不同风格的昵称和简介，以吸引用户的注意力，并激发其关注欲望。
>
> 昵称要使用行业/领域/身份/特点+昵称的结构，字数控制在4~10个字；简介必须传递出账号对用户的价值，需要包含‘吸睛’或‘痛点’关键词，尽量使用小短句，字数控制在50~100个字。”

（2）选题搜集：用DeepSeek挖掘“爆款”选题。

① 头疼不知发什么？别栽在选题上！

选题，也就是经过筛选后的话题或主题，属于新媒体文案的核心内容，需要结合用户的真实需求（例如问题/卡点/需要/爽点），并且要结合新媒体平台的特点，具备吸睛和广泛传播的潜力。

② 用DeepSeek生成选题的提问模板。

结合思考透视法的话术模板如下。

> “我的用户是______（用户），他们最常搜索的关键词是______（信息），我需要吸引用户，使他们产生点击欲望（目的），请为我生成10个选题。”

举个例子：用户是宝妈，关键词是“辅食”“早教”，生成的选题有“6~12月宝宝辅食添加全攻略”“99%妈妈不知道的早教误区”。

（3）标题包装：用DeepSeek打造高点击率标题。

① 新媒体人，得标题者得天下。

有句话在新媒体界很出名：70%的“爆款”几乎由标题决定，而非文案技巧。

刷视频时，用户首先看见的是封面标题；看长文时，首先看到的是正文标题。无论你的视频制作或是内容叙事多么精彩，如果标题未能在3秒内吸引用户的注意力，那么用户就有可能直接划走，这个作品几乎在当下时间点就宣告了失败。所以每个新媒体人基本都会拥有自己的专属标题灵感库，以便参考优秀标题的用词造句。

平台	分类	正文标题	封面标题	点赞数据（或热度值）
小红书	减肥经验	40个博主一直隐瞒的减肥真相⚠️难怪越减越肥	减肥大实话（可能会被骂）	59000
小红书	减肥方法	假如你9月开始减肥，四周换10斤肉……	假如你9月开始减肥	5350
小红书	减肥方法	立秋超狠减脂法，坚持有效！！！	立秋后超狠减脂法 坚持有效哦！！！一个月20斤~~	16000
小红书	减肥知识	减肥一定要知道的60个冷知识🔥难怪越减越肥	减肥60个冷知识（掉秤巨快）	3566
小红书	减脂餐食	减脂期间，早餐吃什么瘦得更快？减脂干货！	早餐吃什么瘦得更快	2136
小红书	减肥经验	复盘我是怎么花了3个月从120斤瘦到88斤的！	奇怪但有用的方法	19000
小红书	明星减肥	明星30天减肥法🔥巨巨巨有效已瘦10斤❗	明星四周减肥，亲测有效	144000
小红书	明星减肥	那么多女明星减肥，也就她说了大实话	明星语录	19000

② 用DeepSeek生成标题的万能模板。

模板1：痛点+解决方案

“我是一个定位为________（如职场穿搭）的博主，用户痛点是________（如穿搭显胖、气场不够），解决方案是________（如显瘦技巧），请用‘痛点+解决效果’的结构生成15个标题供我选择。”

模板2：悬念提问+利益诱惑

“请你围绕关键词________（如‘双十一’攻略），用‘提问+数字干货+利益’的结构生成15个标题供我选择。”

模板3：人群锁定+情绪共鸣

“请你针对________人群（如学生党），用‘人群+场景+情感’的结构生成15个标题供我选择。”

模板4：提供选题思路+匹配平台调性

“我现在准备撰写的基础选题思路是________（如让女生气场全开的商务场合穿搭），内容需要发布在________平台（如小红书/抖音），请你基于选题提供15个标题，并确保其符合平台风格。”

（4）内容撰写：用DeepSeek输出结构化文案。

① 好内容，才是留住用户的关键。

选题、标题再好，如果没有对用户有实际价值的内容支撑，那么最多只能形成阅读量的“狂欢”，但很难真正将用户沉淀成粉丝。而结构化文案能更好地增强内容的可读性。

结构1：痛点方案式（适合分享“干货”、攻略）

开头：痛点共鸣+数据支撑（如“90%的人不知道……”）。正文：分步骤介绍解决方案（如“3步教你……”）。结尾：行动呼吁+利益引导（如“点击领取模板”）。

结构2：热点借力式（适合“蹭热度”以获得曝光）

开头：热点简要回顾+引出观点。正文：热点拆解分析+结合用户痛点/需求+提供情绪化观点或行动建议。结尾：引导互动（如“你怎么看？评论区聊聊”）。

② 用DeepSeek生成内容的万能模板。

模板1：痛点方案式

> 我是一个______赛道的新媒体博主，现在需要基于标题______，针对______这类用户的痛点，撰写适合在______平台发布的文案，请按以下框架生成内容。
>
> 1.开头：痛点共鸣（用户真实痛点）+ 数据支撑（如“90%的人不知道/做错了______”）。
>
> 2.正文：分______步解决问题（每步需包含方法+案例/效果）+ “避坑”提醒（常见误区）。
>
> 3.结尾：行动呼吁（如“点击领取______”）+ 利益引导（如“限时免费/送资料”）
>
> 要求：表述口语化，每部分用表情或感叹号强化情绪。

模板2：热点借力式

> 我是一个______赛道的新媒体博主，现在需要基于标题______，针对内容为______的这个热点事件，撰写适合在______平台发布的文案，请按以下框架生成内容。
>
> 1.开头：热点事件简述（时间+关键点）+ 犀利观点/争议提问（如“为什么______？”）。
>
> 2.正文：热点本质解读（背后反映的______现象/问题）；关联用户需求（如“打工人/宝妈/学生从中能得到_______？”）；实用建议/情绪共鸣（干货技巧或表态）。
>
> 3.结尾：引导互动（如“你站在哪一边？评论区互动起来！”）。
>
> 要求：语言带网感，善用谐音梗、热梗、反问句。

DeepSeek 与职场文书写作的综合应用

如果你是职场人，一定遇到过这类问题：相较于新媒体文案的口语化、个性化、情绪化，职场文书写作会更追求逻辑上的严谨性、结构上的规范性与数据上的精准性。

尤其是体制内的工作人员，涉及不同类型的公文写作，这类文书更是要求严格。下面围绕政府公文、商务文档、工作总结、会议纪要四大高频场景，助你轻松应对各种写作难题。

（1）政府公文——要求标准化结构与规范用语。

常见问题：内容结构混乱、主送单位信息错误。

DeepSeek框架锁定法+思考透视法模板如下。

“请按照《党政机关公文格式》（GB/T 9704—2012），并结合________（用于参考的示例文章）的撰写结构，生成一份关于______（具体主题，如‘举办安全生产培训班’）的______（公文类型，如请示/报告），包含以下要素：

1.主送单位：______（单位全称，如××市应急管理局）；

2.正文要点

- 事由：______（背景+必要性，如‘为提升员工安全意识’）；
- 事项：______（具体内容，如‘计划于202×年×月×日举办培训’）；
- 请求：______（需批复事项，如‘申请经费10万元’）；

3.附件说明：________（标注名称及数量，如‘1. 培训方案；2. 预算表’）；

4.落款：______（单位全称）+成文日期（格式：202×年×月×日）。”

ICS 35.240.20
A 13

GB

中华人民共和国国家标准

GB/T 9704—2012
代替 GB/T 9704—1999

党政机关公文格式

Layout key for official document of Party and government organs

2012-06-29 发布　　2012-07-01 实施

— 1 —

（2）商务文档——需要精准使用专业术语。

常见问题：口语化表达过多（如“搞定了”）、术语错误（如“增值税”误写为“营业税”）。

DeepSeek描述优化法模板如下。

> “请将以下内容______（原文），在不增加和遗漏任何原文信息、不修改原文结构的前提下，将描述或用词转换为商务人士使用的正式书面用语。要求：替换口语化词汇，修正术语错误。”

（3）工作总结——量化表达与成果包装。

常见问题：空话和套话多、表述模糊（如“业绩提升较大”）。

DeepSeek框架锁定法模板如下。

> “请将以下工作内容转化为KPI量化表达：______（原文）。要求包含的框架内容如下：______（框架）。”

（4）会议纪要——核心信息精准提取

常见问题：记录变成“流水账”，重点不突出、行动项不明确。

DeepSeek框架锁定法+思考透视法模板如下。

> “请从以下会议录音文本或文档记录文本中提取关键信息，按‘结论+行动事项+负责人+时间节点’的结构输出纪要。要求：这是给领导和同事做项目同步使用的会议纪要，不能包含过多无效信息，请在生成的答案中，删除讨论过程，保留决策结果。
>
> 文本内容如下：______（文本）”

注意，无论上述哪类文章，都容易遇到一个共性问题——涉及的政策、材料内容与平台审核有冲突。

常见原因：引用内部学习文件，导致内容无法上传或通不过审核。

解决方案：①隐私、敏感信息，做脱敏处理；②更换垂直类工具，若涉及敏感文件上传，可修改为支持这类文件上传与解析的合规工具，如腾讯元宝、讯飞文书（这两个工具均已接入DeepSeek）。

DeepSeek 与卖货文案写作的综合应用

卖货文案的终极目标是让用户从“知道”到“下单”，但许多商家常卡在“用户不感兴趣”“看了不买”“买了后悔”三大难题。下面将用卖货文案中的三大黄金模型（FABE、AIDA、SCQA），配合DeepSeek的追问技巧，彻底解决这些问题。即使你是零基础新手，也能轻松上手。

（1）用FABE把产品卖点变成听得懂的“人话”。

说实话，在大多数卖货场景中，用户根本不在乎你的产品“用了什么技术”，他们只关心“这个产品的优势或者功能是什么”。FABE模型能帮你把冷冰冰的参数翻译成用户听得懂的“人话”。

①FABE模型具体是什么。

	定义	通俗解释	举例
F（Features）	特性	“这个产品到底是啥？”——材质、功能、技术参数等具体信息	保温杯：“316医用级不锈钢内胆”
A（Advantage）	优势	“凭啥选你，不选别人？”——你的产品比竞品强在哪里	保温杯：“保温24小时不凉”
B（Benefit）	利益	“关我啥事？”——直接说用户能省钱、省时间、变美、变轻松	保温杯：“户外爬山随时喝热水，不用背水壶”
E（Evidence）	证据	“空口无凭！”——用数据、证书、真人案例让用户相信你	保温杯：“10万名妈妈选择+欧盟认证”

②DeepSeek如何与FABE模型结合，提炼出关键卖点。

“我有一款产品，特点是________（如‘100%新疆棉’），优势是______（如‘透气不闷汗’），对用户的实际好处/或者能帮助用户的具体方向是________（如‘夏天穿也不黏腻’），请用FABE结构生成______（如15）条卖点文案，并包含以下证据/佐证______（如检测报告截图）。”

（2）用AIDA模型轻松抓住用户注意力。

用户从刷到你的内容到下单，会经历4个心理阶段：注意→兴趣→欲望→行动。这就是AIDA模型，能一步步把用户带入你的卖货节奏之中。

① AIDA模型的详细说明。

	定义	通俗解释	举例
A（Attention）	注意	3秒内抓住用户眼球——“留住ta，别让ta划走！”	“天天熬夜脸垮成土豆？30+姐姐自救指南！” “工资五千，凭什么她敢买大牌精华？”
I（Interest）	兴趣	激发用户的好奇心和兴趣——“让ta觉得：这玩意儿有点意思！”	“这面膜敷完脸上有光泽！”“一杯奶茶钱，让你每天多睡1小时！”
D（Desire）	欲望	激发用户“想要拥有”的欲望，让ta觉得“不买就亏了！”	“28天素颜敢怼脸拍！” “穿上显瘦10斤，闺蜜追着要链接！”
A（Action）	行动	引导用户立刻下单——“给ta一个无法拒绝的理由，现在！立刻！马上！”	“最后50单！送美容仪！” “前100名买一送一，手慢无！”

② 怎样借助DeepSeek和AIDA模型，抓住用户心？

> “请你结合我的产品________，针对________人群（如‘25~35岁的宝妈’）的痛点_______（如‘熬夜脸黄’）或需求_______（如‘快速提亮’），按照AIDA模型生成________（如直播话术）类型的文案，要求加入营造紧迫感的内容_______（如限时优惠、活动倒计时3天）+能提供给用户的服务承诺_______（如无效退款）。”

（3）用SCQA模型促进用户成交转化。

SCQA模型能通过制造冲突→解决问题，让用户觉得“这产品就是为我量身定做的”。

① SCQA模型到底是什么。

说一个采用了该模型的经典广告语：“得了灰指甲，一个传染俩！问我怎么办，马上用亮甲！”是不是瞬间能感受到它的感染力？

	定义	通俗解释	举例
S（Situation）	情景	描述用户熟悉的日常场景——“说个你肯定遇到过的事儿！”	“天天加班到半夜，脸色蜡黄还冒痘。”

续表

	定义	通俗解释	举例
C（Complication）	冲突	指出场景中的痛点或矛盾——“但问题来了！”	“‘贵妇’级护肤品买不起，平替根本没效果！”
Q（Question）	问题	抛出用户内心的疑问——“难道只能认栽？”	“难道活该烂脸？”
A（Answer）	答案	用产品作为解决方案——“别慌！我有招儿！”	“这瓶精华液无效全额退款！”

② 当DeepSeek遇上SCQA模型，转化效率“噌噌涨”。

> “我的产品______，能解决用户的______问题或满足用户______的需求，用户现在犹豫的原因是______（如‘怕没效果’），请用SCQA模型设计______（如公众号文章）类型的文案，要求：用闺蜜吐槽语气，加入对比案例（如‘闺蜜用了都说好’）。”

③ 卖货文案必须要留意的“大坑”。

数据造假：给DeepSeek提要求“所有数据须真实”，参考思考透视法，尽量直接提供真实数据等信息，如“热销10万+”改为“累计销量1万+”。

话术违规：追问中，要求如果出现产品的效果说明，必须删除或修改“最”“第一”等涉及广告法敏感词的描述。

语言生硬：若文案实在太严肃，追问时用描述优化法增加“人味儿”。

无论有哪一类文案创作需求，希望内容创作者们都能通过本章介绍的DeepSeek写作技巧真正提效。

第3章

DeepSeek+AiPPT，职场汇报效率翻倍

C H A P T E R T H R E E

告别逻辑混乱：用DeepSeek5分钟梳理出汇报内容

一键做PPT：由Word文档生成完整PPT

AI排版“黑科技”：深度优化PPT内容排版

你是否也经历过这样的窘境：

面对空白的PPT，大脑一片空白，不知从何下手；

熬夜赶工做出的汇报内容被老板批评“逻辑混乱，重点模糊”；

标题平淡（如“季度工作总结”），同事听完直打哈欠……

借助DeepSeek等AI工具，可以轻松搞定PPT，告别加班。

3.1

告别逻辑混乱：用DeepSeek5分钟梳理出汇报内容

你有没有在工作中遇到过这样的问题，一提到做PPT就觉得非常苦恼。文案要苦思冥想，还要花费大量的时间去设计版面，工作效率极其低下。

如果想避免这样的问题，一定要在做PPT之前规划好汇报内容，这样在做PPT的时候才能一气呵成。

DeepSeek梳理汇报内容四步法：

确定标题→生成大纲→补充内容→打磨细节。

确定标题——抓住老板的“第一眼注意力”

背景需求：我是一家食品公司的研发和营销总监，现在我需要就近期的产品规划向老板汇报，汇报主题是“新中式甜品研究报告”。

如果用简单的指令让DeepSeek生成标题，例如“我的主题是新中式甜品研究报告，根据主题取10个标题”。

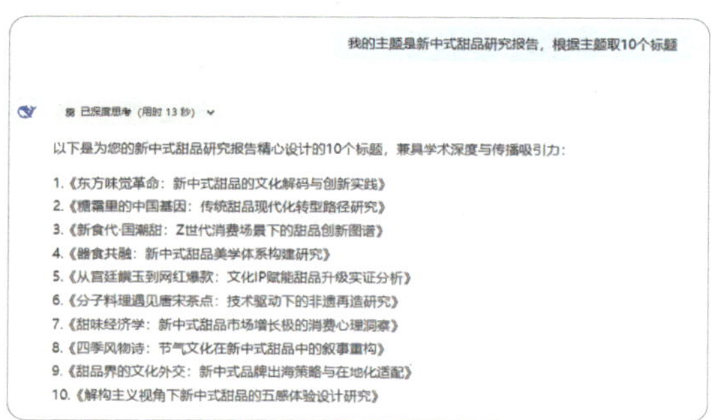

生成的结果也不错，但比较发散，不够聚焦，后续调整会比较麻烦。

我们可以在第一次提问的时候就把背景和要求说清楚，这样效果会更好。

“我是一家食品公司的研发及营销总监，需要就近期的产品规划向老板汇报，主题是新中式甜品研究报告，根据主题取10个标题。”

以下是10个适合新中式甜品研究报告的汇报标题建议，既体现行业趋势又突出战略价值：

1. **《新中式甜品崛起：传统焕新与年轻消费市场的战略布局》**
   (强调传统创新与市场定位)
2. **《从国潮到舌尖：新中式甜品的文化赋能与商业破局》**
   (结合文化趋势与商业突破)
3. **《2023新中式甜品白皮书：品类创新、场景升级与增长密码》**
   (数据化呈现，聚焦产品+场景)
4. **《味觉革命：新中式甜品如何抢占Z世代消费心智》**
   (直击核心消费群体需求)
5. **《东方美学与现代味蕾：新中式甜品的研发逻辑与营销突围》**
   (突出研发与营销双驱动)
6. **《新中式甜品蓝海战略：从产品迭代到品牌价值升级》**
   (强调市场空白与品牌高度)
7. **《文化自信下的甜蜜生意：新中式甜品市场洞察与产品矩阵规划》**
   (关联社会趋势与产品布局)
8. **《破圈与增长：新中式甜品跨界融合的N种可能性》**
   (探索创新方向与增量空间)
9. **《从网红到长红：新中式甜品的可持续盈利模式构建》**
   (关注生命周期与商业落地)
10. **《新中式甜品消费趋势报告：场景、配方与体验的三维升级》**
   (结构化拆解核心竞争要素)

这次DeepSeek不仅给出了标题，还提供了不同的产品规划方向，这样再去选择合适的标题就更加精准和有针对性了。

进阶操作：可以根据不同的主题，补充更详细的要求，如下。

（1）输入原始标题，追加需求："加入用户痛点关键词（如响应慢、成本高）"。

（2）要求量化结果："标题需包含具体数据（如'效率提升80%''成本降低50万'）"。

（3）风格绑定："参考科技媒体报道标题风格（如'从1小时到5分钟：AI重构客服响应逻辑'）"。

生成大纲——让 DeepSeek 当你的"逻辑军师"

选好标题以后，我们还能让 DeepSeek继续生成大纲。

但如果让DeepSeek直接生成，很可能因为推理模型的特点导致补充得过于详细，反而偏离了我们的真实需求。

简单指令：

"请帮我根据我发你的主题，生成一份汇报提纲，我的主题是'新中式甜品研究报告'"。

DeepSeek生成的部分结果如下。

汇报提纲：从国潮到舌尖：新中式甜品的文化赋能与商业破局

一、主题概述

1. **什么是"新中式甜品"？**
   - 对传统中式甜品的现代 reinterpretation
   - 结合传统文化元素与当代审美/消费需求
2. **国潮现象与舌尖经济的背景**
   - 国潮文化的兴起：从服装、美妆到食品领域的延伸
   - 舌尖经济：饮食文化成为消费升级的重要载体

二、新中式甜品的文化赋能

1. **传统文化元素在甜品中的运用**
   - **视觉设计**：国风图案、器皿、色彩搭配（如故宫、敦煌主题甜品）
   - **口味创新**：融合传统食材与现代工艺（如八珍、荷花酥的改良）
   - **故事讲述**：通过历史典故或文化符号赋予产品文化内涵（如"唐菓子"概念）
2. **消费者的文化心理需求**
   - Z世代对传统文化的认同感增强
   - 国潮消费不仅是商品，更是文化表达与身份认同
   - 消费者愿意为"文化溢价"买单
3. **新中式甜品的文化意义**

三、新中式甜品的商业破局

1. **市场机会与现状分析**
   - **市场规模**：万亿元食品市场的细分蓝海
   - **竞争格局**：本土品牌崛起 vs 国际品牌的本地化策略
   - **消费者痛点**：产品同质化严重，缺乏文化深度与品质保证
2. **商业模式的创新**
   - **跨界联名**：与 IP、影视作品、 museums 等合作
   - **体验式消费**：打造沉浸式场景（如国风茶歇、主题店）
   - **数字化营销**：利用社交媒体传播文化故事
3. **如何实现商业成功？**
   - 单一的产品创新≠成功，需构建完整价值链
   - 标准化与个性化平衡：供应链管理 vs 文化定制
   - 数据驱动的精准营销：洞察消费者需求，打造爆品

四、案例分析：新中式甜品的成功实践

1. **某奶茶品牌**
   - 八宝糯糯猫爪杯：传统文化+二次元文化的碰撞
2. **某奶茶品牌**
   - 荷花酥系列：国风元素与现代工艺结合
3. **故宫食品**
   - 以宫廷文化为卖点，打造高端国潮甜品

虽然生成的结构内容很完整，但不一定全都符合需求，修改起来工作量很大。

解决思路：先生成一级大纲，确认后再往下细化

高效指令公式：背景+动作+要求

“我是食品公司研发总监，需向高管汇报新中式甜品市场突破方案（背景），请根据主题‘新中式甜品研究报告’，生成一份汇报提纲（动作），需要4个版本，每个版本都有6条，且只需要一级标题，用‘动词+宾语’的结构写标题（要求）。”

DeepSeek生成的结果如下。

以下是围绕《新中式甜品研究报告》的4个版本汇报提纲，每个版本6条一级标题，均采用"动词+宾语"结构：

版本1：基础研究型

1. 剖析新中式甜品概念特质
2. 解构消费场景核心要素
3. 突破传统工艺技术瓶颈
4. 绘制市场竞争格局图谱
5. 探索文化符号融合路径
6. 预测行业升级趋势走向

版本2：创新突破型

1. 重构中式甜点创新动力
2. 挖掘传统美学现代张力
3. 设计跨界联名商业模型
4. 解码新生代消费心理
5. 融合数字化运营链路
6. 提出战略升级行动纲领

版本3：产业生态型

1. 梳理行业发展演进脉络
2. 优化原材料供应链体系
3. 构建品牌IP价值矩阵
4. 探索新零售场景模式
5. 绘制消费者行为画像
6. 规划可持续发展路径

版本4：落地实战型

1. 定位差异化消费场景
2. 提炼爆款产品方法论
3. 建立品类数据评估体系
4. 转化非遗文化势能
5. 开拓区域市场渗透策略
6. 创新社交营销玩法

这样得到的大纲结构就很清晰，选定大纲版本后再继续往下延伸，整体方向就不容易跑偏。

生成内容要点——DeepSeek 化身“内容弹药库”

整份汇报的内容很多，手动撰写需要花费大量时间，我们可以借助DeepSeek生成每一部分的要点，从而大大节省时间。

在撰写提问指令的时候，需要把前面确定好的大纲内容补充到提问中，这样生成的内容才会更符合需求。

高效指令公式：背景+动作+要求

“我是食品公司研发总监，需向高管汇报新中式甜品市场突破方案，请根据主题‘新中式甜品研究报告’，生成PPT的具体内容，要求如下。

1. 页面形式有3种，封面页、目录页、内容页。

2. 封面页要求：

主标题（使用我发你的主题）

演讲人：×××

3. 目录页要求：列出内容大纲，包括开发新中式甜品的创新口味与独特配方、研究新中式甜品的制作工艺与质量控制、融合现代元素创新新中式甜品的呈现形式、打造新中式甜品的品牌形象与品牌价值、引入新技术以提升新中式甜品的生产效率、营造与提升新中式甜品品牌的文化氛围与消费体验六个方面

4. 内容页要求：根据大纲生成对应的PPT内容页，内容页要结构化，且内容要非常详细。”

DeepSeek生成的部分结果如下。

内容页

1. 开发新中式甜品的创新口味与独特配方

核心策略：

- **传统食材现代化**：
  - 以桂花、黑芝麻等传统食材为基础，模仿西式慕斯、奶酪等食物的口感
  - 案例：桂花酒酿慕斯（低糖版）、黑芝麻杏仁豆腐
- **健康升级**：
  - 减糖30%、添加富含膳食纤维的食材（如奇亚籽、燕麦）
  - 推出无麸质、植物基（豆乳/椰奶）产品线
- **地域风味融合**：
  - 南北口味结合（如云南玫瑰+广式姜撞奶）
  - 跨界联名（如与茶饮品牌合作推出“茶香绿豆糕”）

2. 研究新中式甜品的制作工艺与质量控制

技术路径：

- **工艺标准化**：
  - 建立传统手作工艺的量化参数（如蒸制时间、温度曲线）
  - 开发半自动化生产线（保留手工质感，提升效率）
- **质量检测体系**：
  - 设立3级品控流程：原料筛选（农残检测）、生产过程（微生物监控）、成品抽检（口感一致性）
  - 引入区块链溯源技术，实现原料可追溯

3. 融合现代元素创新新中式甜品的呈现形式

设计方向：

- **造型创新**：
  - 传统糕点微型化（一口食规格）
  - 用3D打印技术定制国风造型（如“山水画”绿豆糕）
- **场景适配**：
  - 下午茶礼盒（搭配中式茶包）
  - 冷冻甜品系列（微波炉加热30秒即食）
- **包装升级**：
  - 环保材料（可降解竹纤维盒）
  - 互动式包装（扫码听传统点心故事）

4. 打造新中式甜品的品牌形象与品牌价值

品牌策略：

- **文化IP塑造**：
  - 品牌故事：围绕“宫廷御点传承人”打造匠人形象
  - 推出“二十四节气”限定系列（如清明青团礼盒）
- **价值定位**：
  - 高端线：手工定制款（客单价80~120元）
  - 大众线：便利店速食款（客单价15~30元）

现在这份PPT的内容要点，不仅内容丰富，而且贴合我们的大纲需求，结构非常清晰。

下一步，就可以接续细化PPT，打磨每一部分的内容了。

单点打磨——把“流水账”变成“高光剧本”

完整的PPT信息量很大，如果一次性生成，会有很多细节被遗漏。我们可以让DeepSeek根据每部分的内容进行展开，一一生成并优化，最后汇总成一份完整的PPT。

高效指令模板：背景+动作+要求

“我是食品公司研发总监，需向高管汇报新中式甜品市场突破方案，PPT主题是‘新中式甜品研究报告’，大纲内容为：……（背景）

请根据大纲第一部分‘开发新中式甜品的创新口味与独特配方’，展开以下内容（动作）。

一. 开发新中式甜品的创新口味与独特配方

核心策略

传统食材现代化：以桂花、黑芝麻等传统食材为基础，模仿西式慕斯、奶酪等食物的口感。

案例：桂花酒酿慕斯（低糖版）、黑芝麻杏仁豆腐。

……

要求如下（要求）：

1.数据加持。补充相关数据，增加说服力，需注明来源。

2.案例具象。附截图、链接或具体话术，增强可信度。

3.金句点睛：用有冲击力、让人印象深刻的金句作为结尾。

4.……”

温馨提示：数据/案例/金句等要求，可以根据实际情况进行调整或者补充，这样生成的内容才会更加精准。

DeepSeek生成的部分结果如下。

1.1 传统食材现代化

策略逻辑：以传统食材为文化载体，嫁接西式口感技术，打造“熟悉又陌生”的味觉记忆点。

数据支撑：

- 艾媒咨询《2023中式甜品消费趋势》显示，**72%的消费者愿意为“传统+创新”的甜品支付溢价**（来源：艾媒数据中心，2023）；
- 天猫新品创新中心数据显示，**桂花、酒酿等传统风味搜索量年增长超150%**，慕斯、奶酪类西式甜点占据甜品市场45%份额（来源：TMIC，2023Q3）。

案例具象化：

- **桂花酒酿慕斯（低糖版）**：参考“×××联名款”底层逻辑，将桂花酒酿分层融入慕斯，顶部撒桂花冻干粉（类似某奶茶的“桂花拿铁”工艺）；
- **黑芝麻杏仁豆腐**：借鉴日本“杏仁豆腐”的丝滑感，叠加黑芝麻颗粒，可对标某“网红”品牌爆款“黑芝麻糊小圆子”（月销超10万）。

金句点睛：

“让老味道穿上新外衣，用西式工艺讲好东方故事。”

用同样的方法，依次打磨不同部分的内容，最后汇总到Word文档中，一份内容详细、结构严谨的PPT汇报内容就完成了。

根据“确定标题→生成大纲→补充内容→打磨细节”的步骤，用DeepSeek既能解决逻辑混乱的问题，又能用结构化表达和真实的数据征服听众。

3.2 一键做PPT：由Word文档生成完整PPT

拯救 PPT：你的 PPT 还缺乏美感吗?

你是否遇到以下这些情况?

配图模糊：从网上随便下载的低清晰度的背景图，放大后全是马赛克。

排版混乱：文字堆砌成山，标题和正文挤成一团，观众根本找不到重点。

配色欠佳：红配绿、荧光黄配亮紫，仿佛在挑战老板的忍耐极限。

这样的PPT不仅会拉低你的专业形象，还可能会让你精心准备的内容被“丑拒”。

再看下面这份AI生成的PPT。

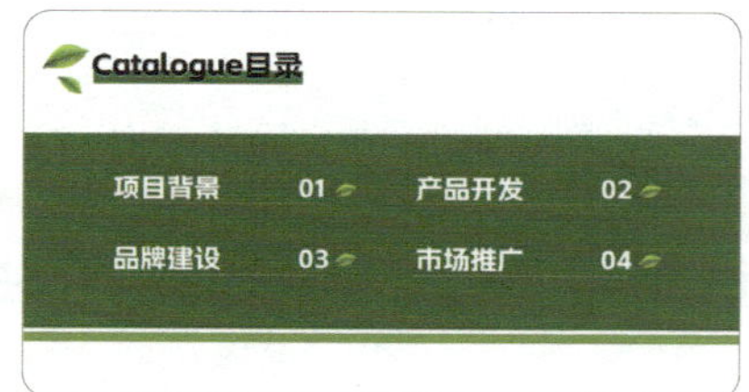

- 清爽商务风：以蓝色作为主色调，清爽简约，数据图表清晰、直观。
- 逻辑分明：目录层级分明，重点内容用图标突出。
- 一键生成：从文字到设计，全程只需2分钟。

但并不是有了AI工具，我们就可以“无脑”做PPT。要想效果好，需要挑选合适的PPT风格，再选择合适的AI工具进行制作。

第一步：找准风格

PPT的风格一定要和行业或主题相关。

试想一下，如果我们的PPT主题是“新中式甜品市场分析”，而配图却是科技风，那甜品是不是看起来毫无食欲？如果在政府单位做工作汇报时用“卡通萌系”模板，便会显得很违和。

如何快速锁定合适的风格呢？

我们需要先了解不同的风格类型，常见的风格有商务风、科技风和学术风。下面简要介绍商务风、科技风和学术风特点及适用领域。

商务风特点：使用简约色块、数据图表、线条、图标等作为设计元素，排版简约大方，强调专业性和逻辑性。

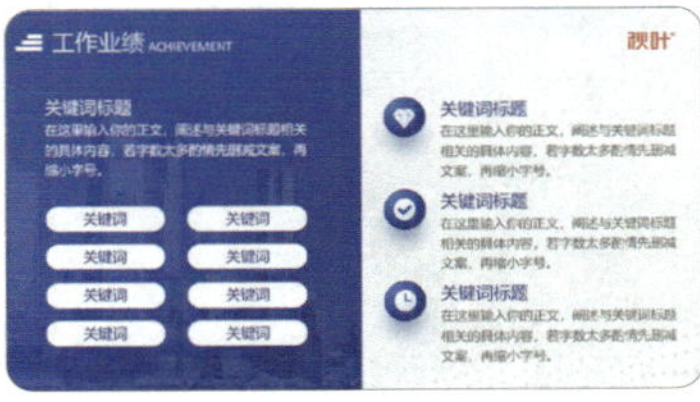

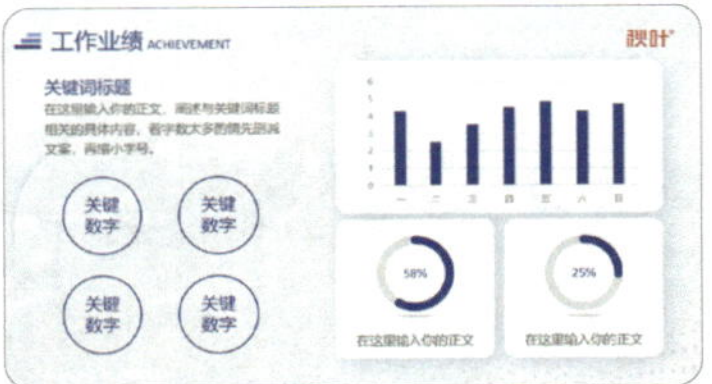

科技风特点：使用带光效的线条、粒子效果、几何图形等作为设计元素，常用暗色背景，设计元素有细致的渐变和透明效果，科技感强。

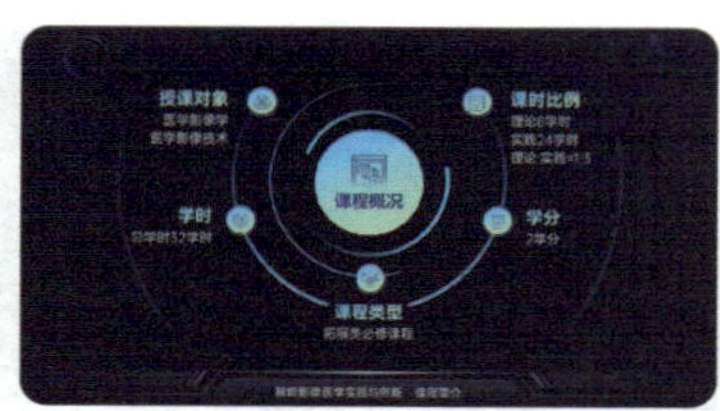

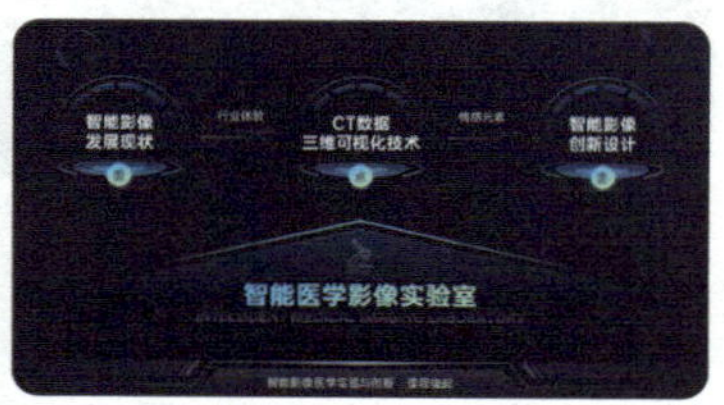

学术风特点：使用学术图表、图标、简约插图等作为设计元素，排版严谨，结构层级清晰。

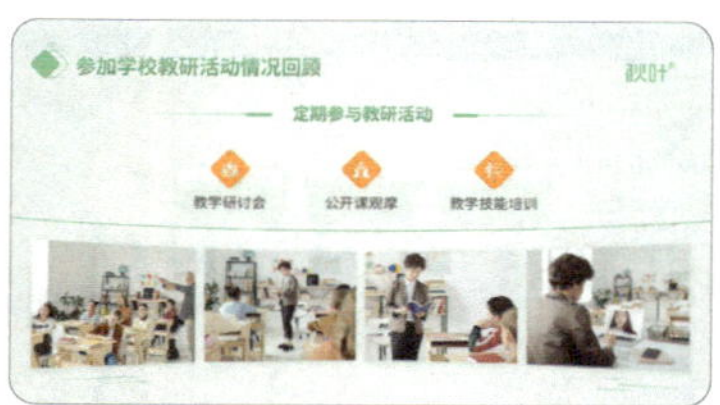

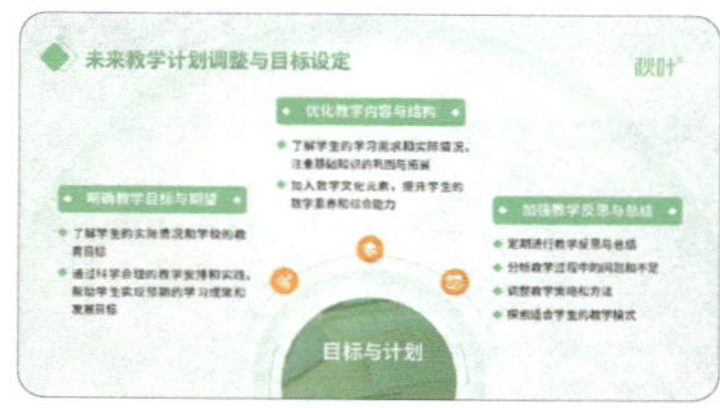

我们可以根据场景和行业进行风格的选择。

场景	风格类型	适用行业或领域
工作汇报/商务提案	商务风	金融、咨询、互联网
科技产品发布	科技风	互联网、人工智能
学术研究报告	学术风	教育、科研

第二步：AI 工具实战，3 分钟生成专业 PPT

你有没有过加班熬夜做PPT的经历？手动一页一页地做PPT，不仅效率低，而且需要耗费大量的精力去做设计。

不妨使用做PPT的AI“神器”——AiPPT，轻松制作专业PPT。

（1）登录官网：搜索“AiPPT”，进入官网，使用手机号注册并登录（新用户有免费使用次数），单击“开始智能生成”按钮。

（2）选择生成PPT的方式。

① AI智能生成：根据主题自动生成大纲和内容。

② 导入文档生成PPT：根据上传的.docx、.md、.xmind等格式的文档生成PPT。

③ 导入PPT生成：根据上传的PPT生成PPT。

④ 链接生成PPT：根据上传的网页链接生成PPT。

我们已经有生成好的内容，所以这里选择“导入文档生成PPT”。

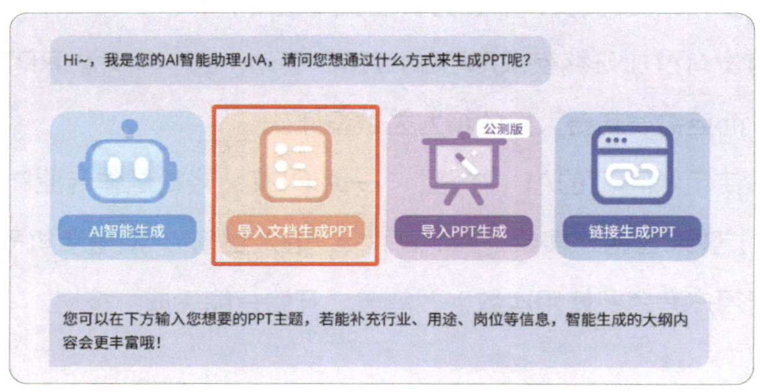

（3）上传文档：选择提前准备好的Word文档，上传文档。

（4）选择PPT内容的生成方案：有“保持原文”“适当扩写”“润色美化”3个选项。我们的内容已经梳理好了，所以这里选择“保持原文”。

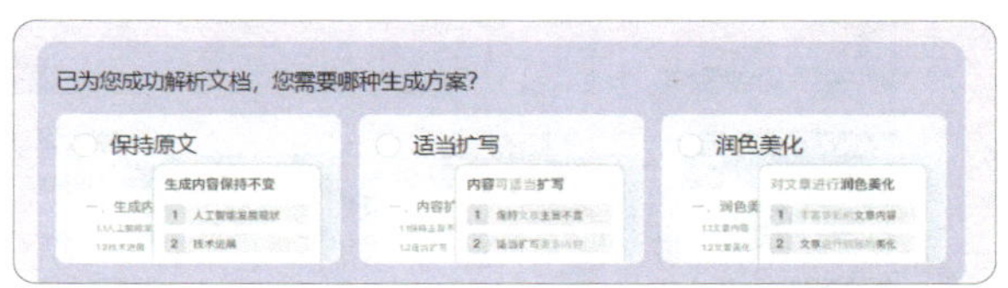

温馨提示：为了确保大纲能被正确识别，一定要先对Word文档中的内容进行层级划分，可以清晰的列表形式进行划分，例如下图的形式。

（5）生成大纲：AiPPT会自动根据文档内容生成大纲，检查目录层级和文案是否正确，有问题时还可以直接对大纲进行编辑，确认后单击“生成PPT”按钮。

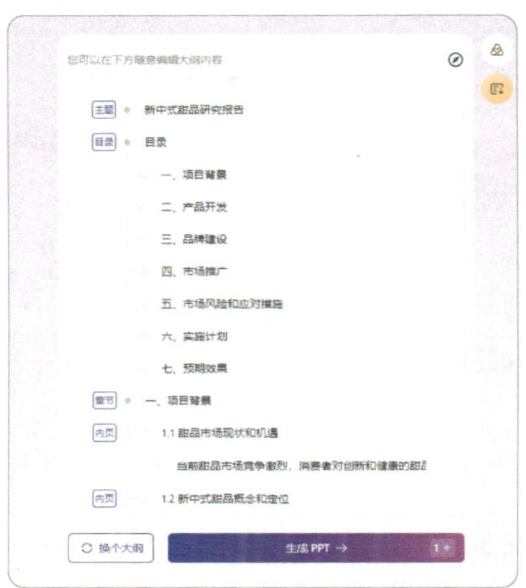

（6）选择模板：根据场景和风格选择合适的模板，选择好以后，单击“下一步”按钮继续生成PPT。

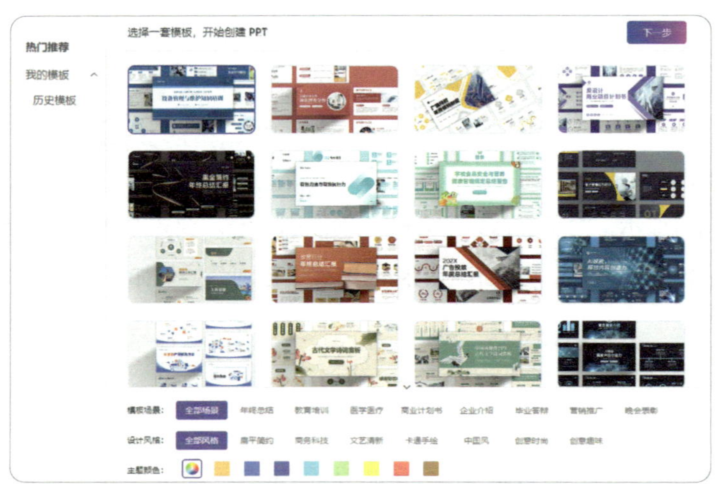

（7）生成PPT：AiPPT会自动将整个PPT的内容进行排版，稍等片刻，一份完整的PPT初稿就完成了，此时可以单击“去编辑”或“下载”按钮。

从今天起，不妨把重复性的排版工作交给AI，你只需专注思考一个问题：如何指挥AI做出更好的PPT。

3.3

AI排版“黑科技”：深度优化PPT内容排版

在做PPT的时候，你有没有遇到过下面这些情况？

毫无设计思路、文字堆积如山、排版杂乱无章、找不到合适的配图……好不容易借助AI工具做完了初稿，想继续优化内容页但无从入手。

那不妨继续使用AI工具轻松、高效地搞定内容排版。

第一步：用 DeepSeek 一键拆分长文案，告别“文字墙”

DeepSeek简介

DeepSeek是一款基于深度学习的AI工具，具备智能搜索、语义理解和多模态处理能力。通过先进的自然语言处理技术，用户无须编写复杂提示词即可获得精准答案。其特色功能包括跨语言翻译支持、代码辅助生成、数据分析可视化等，适用于学术研究、商业分析、新媒体运营等多种场景，帮助用户节省70%信息处理时间。

用户登录DeepSeek平台后，可通过自然语言描述需求，系统会自动解析任务场景并生成分步解决方案。例如在短视频创作中，输入"把科普文章改成口播稿"，AI将自动提取核心观点、插入表情符号、调整口语化表达，全程操作无须任何编程基础，手机端也能流畅使用。

当用户生成文案后，可使用"智能脚本"功能进行多维优化。系统提供精简、扩写、专业化等12种改写模式，自动检测语法错误与情感表达。针对小红书平台特点，AI会建议添加"夏日显瘦" "通勤必备"等热搜关键词，并通过情绪曲线分析优化文案节奏，使转化率提升300%。

DeepSeek突破传统AI的线性思维模式，支持鲁迅式犀利文风、莫言式魔幻现实主义等23种创作风格仿写。用户上传原始素材后，AI通过深度推理实现"形神兼备"的仿写，如在汽车广告文案中重构《三体》的宏大叙事风格，或将产品说明书转化为王家卫电影独白，激发前所未有的创作可能。

这样密密麻麻的文字页，观众看3秒就会走神，专业术语堆砌太多，让人难以理解。

不妨使用DeepSeek来快速对文案进行精简提炼。

文案梳理指令如下。

“给每段内容提炼一个小标题，并精简字数（动作），要求标题不超过7个字，内容用分点列表展示（要求）：

……（需要梳理的内容文案）

DeepSeek输出的结果如下。

1. **核心功能概览**
   - 智能搜索与语义理解
   - 多模态数据处理能力
   - 自然语言零门槛交互
   - 70%信息处理效率提升
2. **智能任务解析**
   - 自然语言场景化解析
   - 自动生成分步解决方案
   - 跨终端免编程操作
   - 案例：文章转口播全适配
3. **多维文案优化**
   - 12种智能改写模式
   - 语法情感双维检测
   - 平台热搜词智能植入
   - 情绪曲线转化率优化
4. **创作风格迁移**
   - 23种文学风格重构
   - 深度推理仿写技术
   - 跨维度叙事重构能力
   - 案例：说明书转电影独白

梳理后的文案非常清晰，但记得要检查一下梳理结果是否与原文意思一致。

第二步：用 AI 工具深度优化排版，逻辑与美观兼得

工具推荐1：WPS

操作步骤如下。

第 1 步 安装软件：进入WPS官网，下载WPS安装文件，安装后即可使用。

第 2 步 转智能图形：用WPS打开PPT，先选中当前页中的文本框，单击“文本工具”选项卡，选择“转智能图形”。

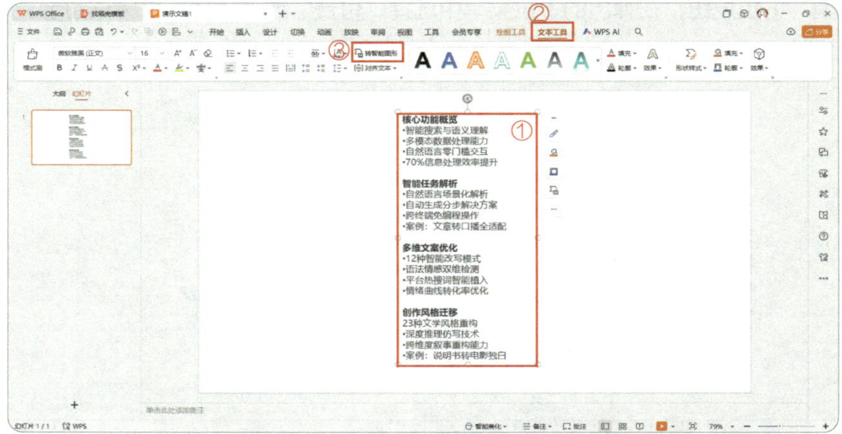

第 3 步 生成图式：WPS会自动将文案内容美化成逻辑图示。可以单击“换一换”按钮，选择更多的图示样式。

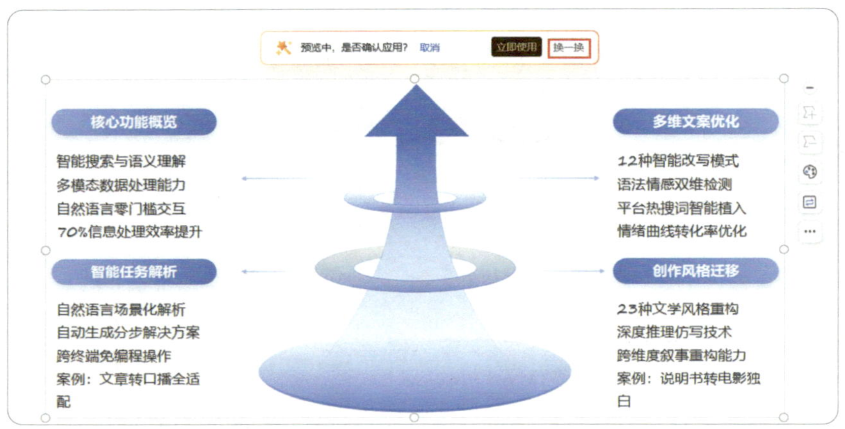

第 4 步 筛选图示：在弹出的界面左上方，还可以通过单击“付费类型”下拉按钮，在弹出的下拉菜单中选择“付费”或“免费”来筛选图示。

第 5 步 应用样式：挑选喜欢的图示并应用后，就能快速对文案内容进行设计，1秒完成从“杂乱”到“高级”的蜕变。

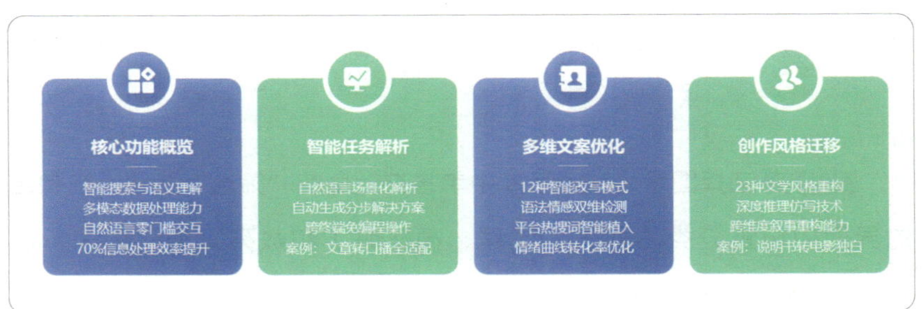

如果想更好地体现文案内容的逻辑关系，还可以使用另外一款工具：iSlide。

工具推荐2：iSlide

操作步骤如下。

第 1 步 安装插件：进入iSlide官网，下载iSlide安装文件，安装后重启WPS并打开PPT，工具栏中会自动加载iSlide插件。

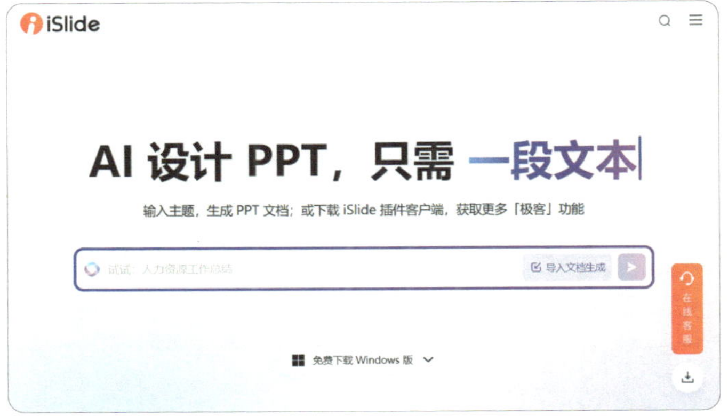

第 2 步 进入图示库：单击“iSlide”选项卡，选择“图示库”。

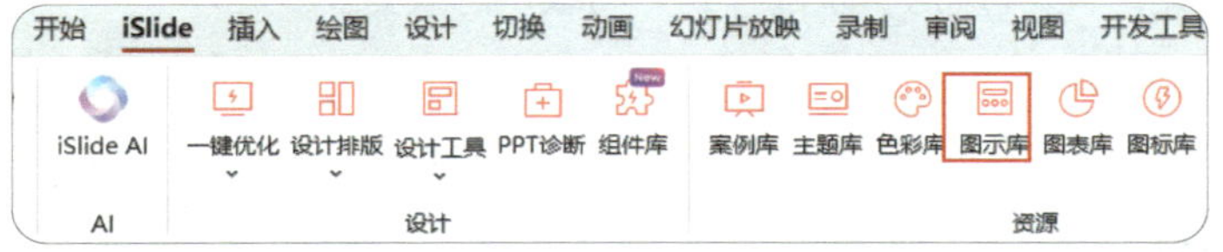

第 3 步 选择图示：在图示库中单击右上角的“筛选”按钮，在弹出的界面中设置分类（列表、流程、循环等）和数列，如“列表”和“4”，单击“确定”按钮。

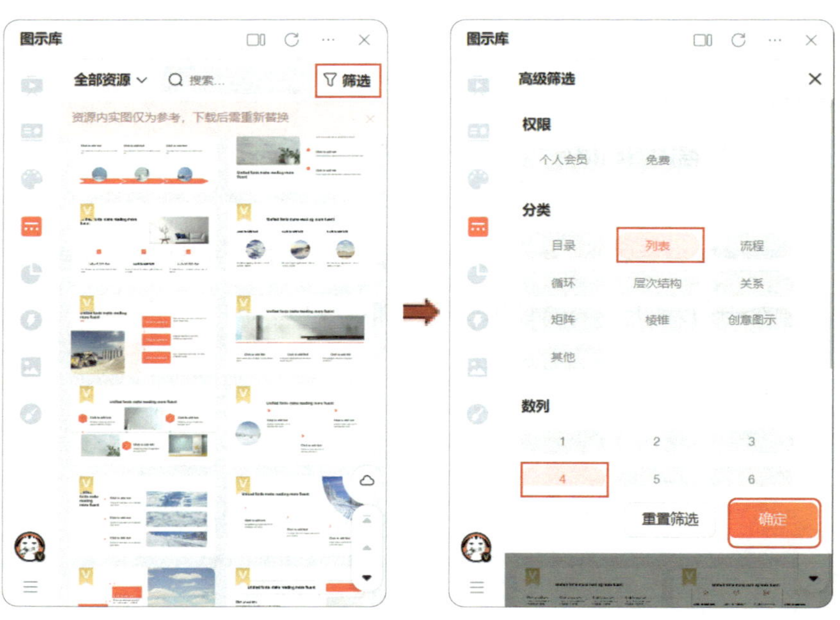

第 4 步 下载图示：选择适合的图示，单击“下载”按钮，将其插入PPT中。

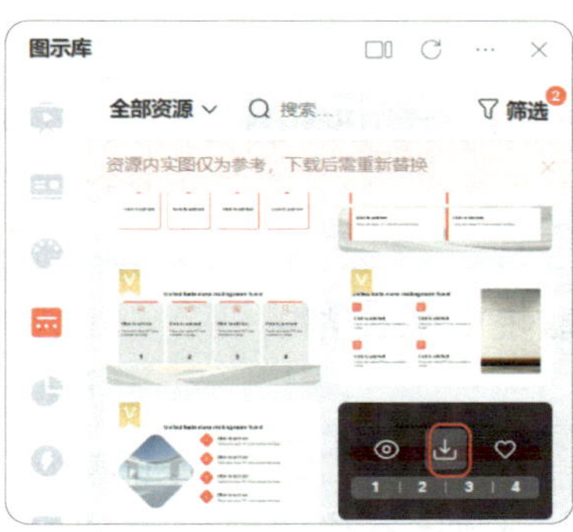

第 5 步 替换内容：手动将文案内容复制并粘贴到图示中，完成设计。

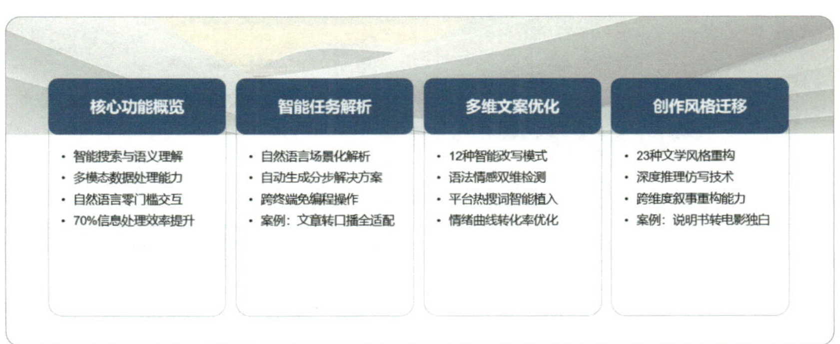

有了WPS和iSlide插件，以后再遇到只有一堆文字的逻辑呈现页面，就不用担心无从下手了。

如果不知道选择什么样的图示，可以根据逻辑关系和内容进行选择，常用的逻辑关系与推荐版式如下。

类型	推荐版式	适用内容（举例）
并列关系	多图标平铺、六边形矩阵	4章 5个活动方案 6个企业部门
总分关系	中心辐射图、树状结构	一个问题有4个原因 一个活动有5个项目 一个集团有5个子公司
层级关系	金字塔、阶梯式布局	国家级、省级、市级项目 普通、黄金、钻石会员 初级、中级、高级技能

并列关系：各项目处于同一逻辑层级，没有主次之分。

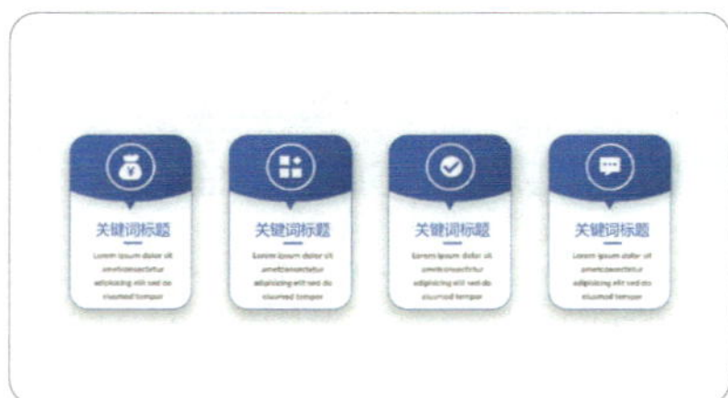

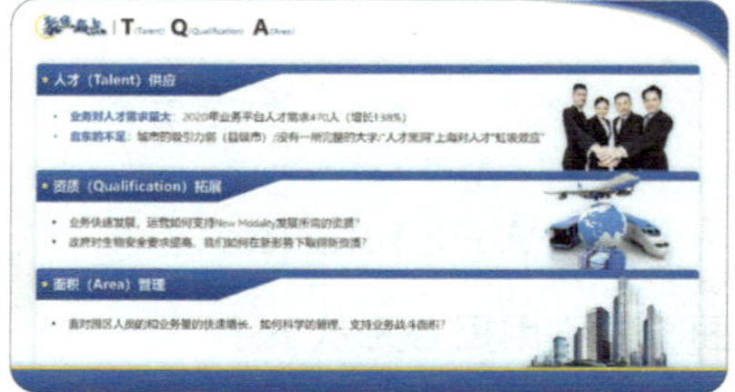

总分关系：“一含多”的包含、归属关系。

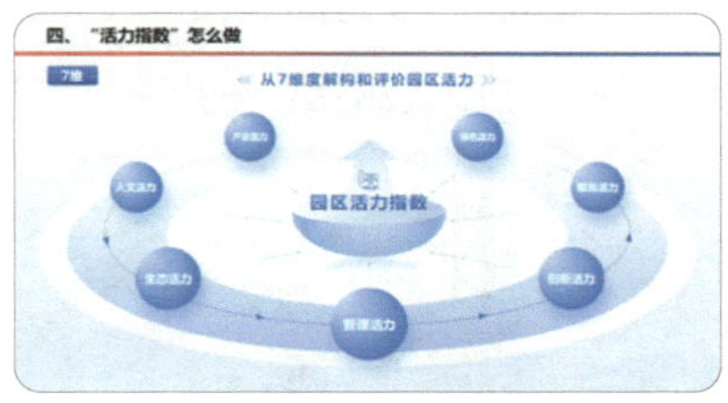

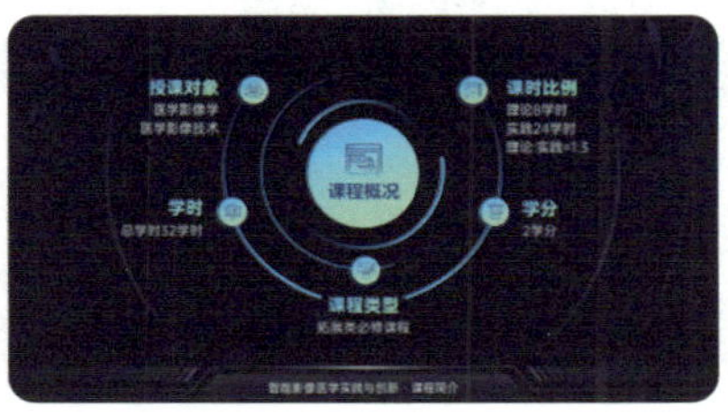

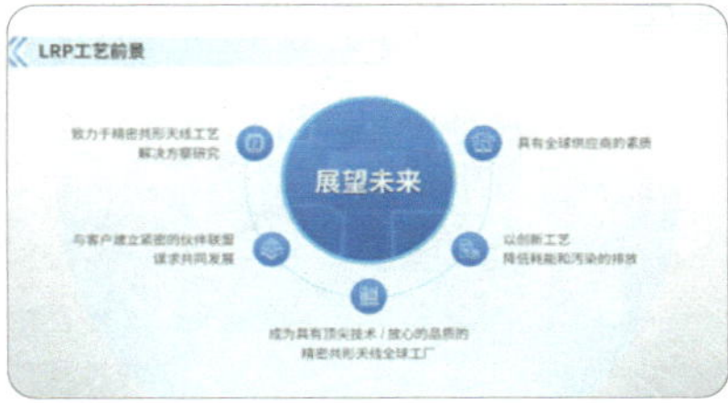

层级关系：各项目有高低之别，所以在位置上有上下之分。

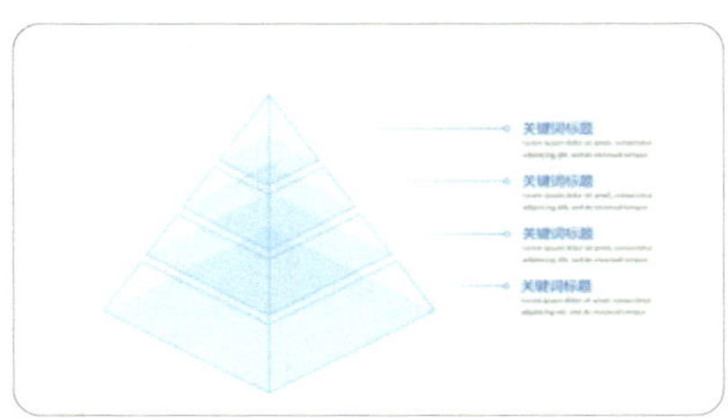

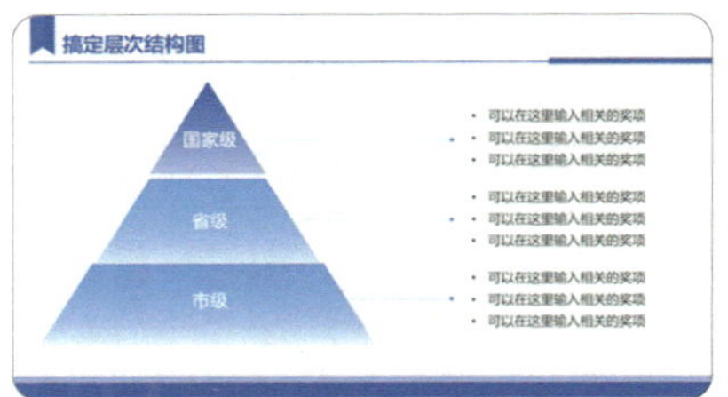

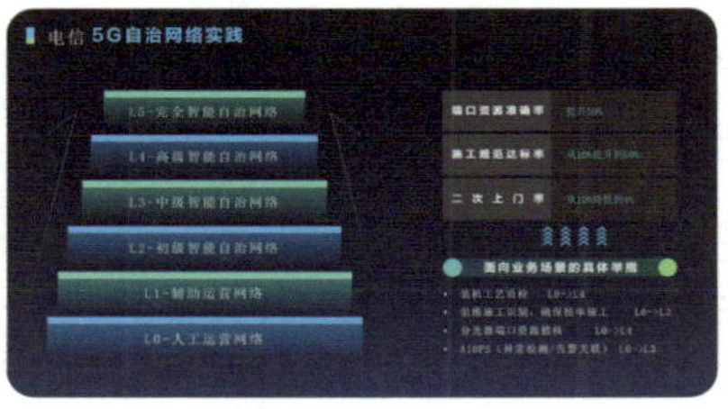

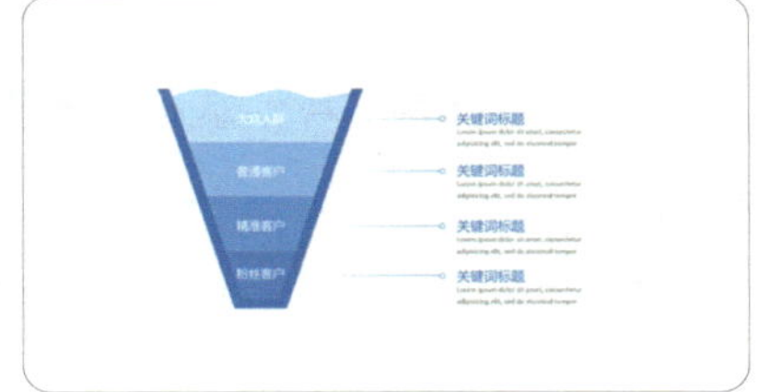

图文搭配：让配图为你的 PPT “说话”

下图的PPT封面是由AI生成的，虽然整体设计美观大方，但配图却和主题“新中式甜品”一点关系都没有。

想找合适的图片，而网上搜到的图片质量往往不高。

有什么办法能快速找到合适的图片，并且便于插入PPT中呢？

解决方案：iSlide 图片库

第 1 步 进入图片库：单击 “iSlide”选项卡，选择“图片库”。

第 2 步 搜索图片：输入关键词（如 “中式甜品”），搜索高清无版权图片。

第 3 步 下载图片：单击“下载”按钮即可将图片插入PPT中。

第 4 步 替换图片：手动替换图片，完成页面的美化。

第4章

DeepSeek+即梦，释放创意，告别“996”

C H A P T E R F O U R

AI设计工具——职场设计的革命性突破

认识即梦AI：工欲善其事，必先利其器

精准描述公式，掌握即梦AI的文生图功能

活用参考图功能，实现多场景图生图应用

AI设计工具在职场中的实际应用

4.1

AI设计工具——职场设计的革命性突破

在AI设计工具出现之前，职场人在设计领域面临着诸多挑战。

- 设计门槛高：非专业设计师缺乏设计技能，难以独立完成要求高的设计任务，往往需要依赖专业设计师或外包团队。
- 时间成本高：从需求沟通到设计完成，通常需要大量时间，尤其是反复修改的过程使效率变得低下。
- 陷入创意瓶颈：设计师在重复性工作中容易陷入创意疲劳，难以快速生成新颖的设计方案。
- 团队预算压力：外包设计或聘请专业设计师的成本较高，对中小型企业或个人来说，是一笔不小的开支。

随着AI技术的快速发展，AI设计工具应运而生，彻底改变了职场设计的“生态”。

- 降低设计门槛：即使没有设计技术背景，职场人也能通过AI设计工具快速生成高质量的设计作品，真正实现“人人都是设计师”。
- 提高设计效率：AI设计工具可以在几秒内生成多种设计方案，大大缩短了设计周期，让职场人能够专注于核心业务。
- 激发多重创意：AI设计工具提供了丰富的创意参考和风格选择，能够帮助职场人突破创意瓶颈，快速找到灵感。
- 节约用人成本：AI设计工具的使用成本远低于传统设计方式，让中小型企业和个人能以低成本制作出高质量作品。

在本章中，你将深入了解即梦AI的文生图、参考图功能，掌握从基础操作到高级应用的完整技能，学会如何通过AI设计工具提升设计效率、激发创意灵感。无论你是职场新人、企业管理者还是自由职业者，即梦AI都能成为你工作中的得力助手，帮助你告别“996”，轻松应对各种设计挑战。

4.2

认识即梦AI：工欲善其事，必先利其器

即梦AI是字节跳动旗下的一款一站式AI创作平台，功能强大，集文生图、图生图、视频生成、故事创作、音乐生成等功能于一体，为职场人提供了全方位的设计解决方案。

即梦AI提供官方的创意社区，你可以在社区内分享自己的作品，也可以浏览、评论甚至参考其他用户作品的绘画提示词，进而激发更多灵感。

即梦AI官方也会组织创意挑战赛，以丰富社区的内容生态。

在接下来的内容中，你将深入学习即梦AI的图片生成功能。

4.3

精准描述公式，掌握即梦AI的文生图功能

文生图的基础操作

在即梦AI主页单击“图片生成”按钮，进入图片生成页面，页面左侧是操作即梦AI生成图片的参数设置区，右侧则是作品预览区。

使用即梦AI进行图片生成，只需要简单4步，具体如下。

第 1 步　输入绘画提示词。

即梦AI支持中文和英文绘画提示词的输入，最长支持800个字符。即梦AI对中文提示词的理解能力非常强，用户只需要用文字简单描述想要的图片内容，它就能准确地生成高质量图片。

第2步 选择生图模型。

即梦AI提供了多种生图模型，这些模型擅长的风格和效果不一样。

模型名	优势	不足
图片3.0	• 中文嵌入能力增强，标题大字准确度提升至94%，小字也能准确生成 • 语义理解和影视质感增强，镜头更有叙事感 • 绘画风格更多元	• 生成的文字过多时依然会有部分错误
图片2.1	• 解决了中文嵌入问题，支持中英文生成 • 提供稳定的结构和更强的影视质感 • 生成速度快，10秒内可出图 • 支持多种风格和文字排版	• 小字生成存在乱码或瑕疵 • 部分复杂提示词理解不准确
图片2.0Pro	• 提升了文字描述理解力，生成细节更丰富 • 真实感优化，人物和物品质感更自然 • 风格表现更精准，多样化艺术风格融合 • 中国风表达深入，文化元素呈现细腻	• 中文生成能力较弱，要结合其他工具
图片2.0	• 真实感提升，细节更加丰富 • 风格多样化，支持毛毡、盲盒、手绘等风格 • 中国风表现优异，能精准呈现水墨画等元素 • 不需要垫图，可直接生成logo	• 中文生成能力有限，存在乱码问题 • 风格融合不够自然，部分场景表现不佳
图片XL Pro	• 增强英文生成能力和参考图可控能力 • 支持多种尺寸和比例，适应不同需求 • 生成效果清晰，细节表现良好	• 中文生成能力较弱 • 风格表现相对单一，创新性不足

第3步 选择图片比例、设置图片尺寸。

即梦AI将常用的图片比例设置成了按钮，可以直接单击按钮进行选择。用户可根据自己的实际用图场景选择合适的图片比例。

图片比例	常用场景
21 : 9	宽屏电脑壁纸
16 : 9	电脑壁纸
9 : 16	竖版海报、手机壁纸
1 : 1	社交媒体头像
3 : 4	社交媒体配图
2 : 3	标准人像照片

第 4 步 **生成图片。**

即梦AI每次会生成4张图片，根据使用的功能不同，消耗1点或2点积分。每天首次登录即梦AI，官方会赠送60~100的创作积分，完全可以满足你的日常创作需求。

实操案例：生成社交头像

接下来以生成一张蓝色背景的小白猫卡通头像为例，展示具体的生图流程。

第 1 步 **输入绘画提示词。**

在提示词输入框中输入“生成一张蓝色背景的小白猫卡通头像”。

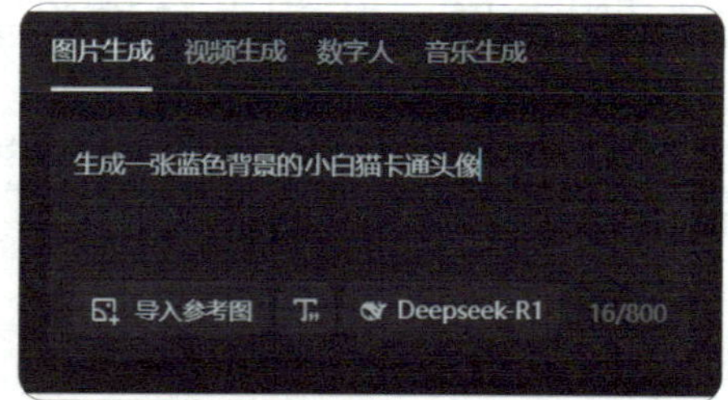

第 2 步 **选择生图模型。**

这里选择即梦AI的生图模型“图片2.1”。

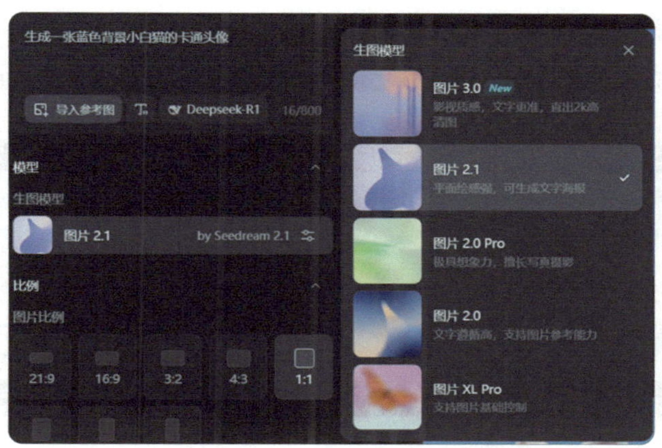

第 3 步 选择图片比例。

因为要生成的是社交头像，所以这里的图片比例就选择为1：1，图片尺寸默认为1024×1024像素。

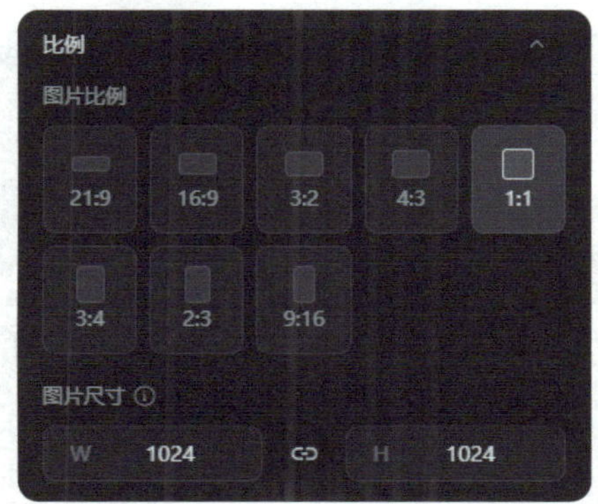

第 4 步 生成图片。

完成以上操作后，单击“立即生成”按钮，等待图片生成即可。

单击图片可查看大图，在图片详情页可以进一步进行相关操作，例如，下载带有即梦AI水印的图片、收藏图片、图片生成视频、增强图片细节、对图片进行局部重绘等。

再次单击图片，可以单独展示完整的图片，此时可以使用截图工具截图得到无水印的图片。

提示词描述公式

由下图的对比可以看出，对于简单的提示词，即梦AI自由发挥的空间更大，生成的4张图片风格迥异。如果需要即梦AI生成更符合需求的图片，就需要更为精准地描述画面，在原有基础上增加细节描述之后，图片内容的准确性就有了质的飞跃。

*图片提示词：一名漂亮的中国女生

*图片提示词：一名漂亮的中国女生，头发染成红色，戴着草编大檐帽，穿着白色连衣裙，站在海边，阳光洒在她的身上

那有没有适合刚接触AI绘画的新手快速上手的绘画提示词撰写方法呢？

那当然是有的！

日常生活中，我们描述一个画面可能会用一长段文字：

> “一个长发女孩站在户外花园里，她穿着蕾丝婚纱，头上戴着头纱，手里捧着一束鲜花，像是在等待着什么。一阵轻风吹过，波浪般的长发在微风中飘动。四周是盛开的玫瑰和百合，蝴蝶在花间翩翩起舞”。

这就是一段非常有画面感的文字描述，将其直接输入即梦AI中，就可以生成细节丰富、质量高的图片。

但其实即梦AI对绘画提示词的理解进行过底层优化，不用每次都写这么复杂的提示词。只需要将上述大段描述中的名词提取出来，然后给它们加上适当的修饰词即可。

> “一个长发女孩，户外花园，蕾丝婚纱，头纱，捧着一束鲜花，飞舞的波浪长发，盛开的玫瑰和百合，飞舞的蝴蝶。”

接着将其输入即梦AI中，同样可以生成不亚于详细描述的图片。

这里提供一个更方便上手的提示词撰写公式：

优质提示词=主体描写+场景描写

例如，“一个长发女孩，蕾丝婚纱，头纱，捧着一束鲜花，飞舞的波浪长发，户外花园，盛开的玫瑰和百合，飞舞的蝴蝶。”

还可以在此基础上加上对风格、图片类型等的描述，得到更完整的提示词公式：

优质提示词=主体描写+场景描写+画风/图片类型

例如，“一个长发女孩，蕾丝婚纱，头纱，捧着一束鲜花，飞舞的波浪长发，户外花园，盛开的玫瑰和百合，飞舞的蝴蝶，3D动画风格，皮克斯动画风格”。

加上风格提示词之后，图片就从写实风变成了皮克斯动画风格。

如果想要图片中的主体、场景有更丰富的细节，则需要进一步拆解对主体和场景的描述。

（1）主体部分提示词的优化

主体可以大致分为角色和物体，角色的细节描述可以拆解成：

角色=外貌+穿搭+动作

例如，“一个女生，银白色长发，皮肤白皙，深紫色的长袍，腰间系着金色的腰带，双手合十，闭目养神，3D动画风格，CG渲染”。

又如，“一只圆润的熊猫幼崽，绒毛蓬松，身穿浅青色绣金纹汉服，歪戴着斗笠，胸前挂着一只金色小铃铛，手握一根翠竹，工笔画风格”。

下面整理了一些有关角色详细描述的提示词。

类别	描写方向
外貌	发型：短发、长发、卷发、直发、大波浪、波波头等 面部特征：圆脸、方脸、尖下巴等 肤色：白皙、古铜色、黝黑等 特殊标记：疤痕、痣、纹身等
穿搭	整体风格：休闲、正式、复古、Y2K、未来主义等 上衣：衬衫、T恤、卫衣、夹克等 下装：牛仔裤、裙子、长裤等 鞋子：运动鞋、高跟鞋、靴子等 配饰：项链、耳环、手表、帽子等
动作	站立姿势：放松、倚靠等 行走姿势：快步走、慢步走、悠闲散步等 坐姿：正坐、蜷缩等 特殊动作：挥手、奔跑、提东西、抱东西、双手叉腰等 手势：握拳、指向远方、比心等

相对于角色描述，物体的描述会相对简单一些：

物体=材质+外观+动态

例如，“一个咖啡杯，白色陶瓷杯身，印有红色枫叶图案，装满咖啡，散发着热气，放在木质的桌上”。

一个咖啡杯，白色陶瓷杯身，印有红色枫叶图案，装满咖啡，散发着热气，放在木质的桌上
图片 2.1
1:1

这里同样整理了一些关于物品描述的提示词。

类别	提示词举例
材质	磨砂、玻璃、毛毡、不锈钢等
外观	金色、光滑、反光、散发着光泽
状态	完好无损、表面有瑕疵、破碎、竖立、平放

（2）场景部分提示词的优化

场景部分的提示词可以拆解为对环境和对应细节的描述。环境可以分为室内场景和室外场景，常见室内、室外场景的提示词如下。

室内场景	室外场景
客厅、卧室、厨房、餐厅、书房、办公室、会议室、健身房、浴室、儿童房、阁楼、地下室、走廊、门厅、阳台、温室、酒窖、家庭影院、游戏室、洗衣房	公园、海滩、山脉、森林、河流、湖泊、瀑布、草原、沙漠、城市街道、乡村小路、桥梁、古堡、寺庙、教堂、农场、花园、果园、滑雪场、灯塔

而细节描写就是在对应环境中加入合理的事物，例如，“一片生机勃勃的草地，草地上开满了五颜六色的花朵，跳跃的小鹿、白色的小兔子，宫崎骏动漫风格”。

（3）画风/作品类型部分提示词的优化

如果提到油画，你会想到什么？专业的画手可能会想到笔触、涂抹技法、画布质感等较为专业的内容。当场景切换到AI绘画，就比较难用文字描绘出油画的特征了。

好在AI绘画模型把这些作品特征训练进了对应的风格词中，仅需一个风格词就能快速让AI设计工具理解你的意图。

例如，“一名短发女生，穿着蓝色的衬衫，躺在绿色的草地上，看着天空，2D动画，色彩清新淡雅，过渡柔和，自然质朴，笔触细腻”。

而更简洁的写法如下。

“一名短发女生，穿着蓝色的衬衫，躺在绿色的草地上，看着天空，2D动画，宫崎骏风格”。

这就是“一词胜千言”的力量！

下面整理了常用的作品类型、图片风格词及其示意图，供大家学习和参考。

除了主体、场景、画风外，还有一些比较特殊的绘画提示词，比如从被记录主体的角度、拍摄角度等，下面列举了一部分供大家参考使用。

以上就是关于AI绘画提示词公式的详细拆解，希望看到这里的你可以快速上手，搞定AI绘画创作。

借助 DeepSeek 快速生成绘画提示词

AI绘画提示词公式纵然好用，但是遇到脑海中一片空白的时候，空有一个好框架，也很难写出优质的提示词，这个时候就可以借助强大的DeepSeek来辅助创作。

根据之前学习的和DeepSeek沟通的公式“被动解药”，我们可以快速写出让DeepSeek帮我们生成AI绘画提示词的指令。

> “我正在创作AI绘画提示词，但目前头脑空白，只有一个简单的主体和场景，想不出更好的创意，我会发送给你我的需求，你按照提示词框架和示例进行生成，AI绘画提示词包含主体、场景和画风/作品类型，这是一个包含了完整结构的提示词示例：一个中国女生，金色长发，韩式大波浪，蕾丝婚纱，白色头纱，捧着一束淡紫色鲜花，户外花园，盛开的玫瑰和百合，飞舞的蝴蝶，3D动画风格，皮克斯动画风格。”

我正在创作AI绘画提示词，但目前头脑空白，只有一个简单的主体和场景，想不出更好的创意，我会发送给你我的需求，你按照提示词框架和示例进行生成，AI绘画提示词包含主体、场景和画风/作品类型，这是一个包含了完整结构的提示词示例：一个中国女生，金色长发，韩式大波浪，蕾丝婚纱，白色头纱，捧着一束淡紫色鲜花，户外花园，盛开的玫瑰和百合，飞舞的蝴蝶，3D动画风格，皮克斯动画风格。

已深度思考（用时13秒）

好的，我会根据你提供的框架生成完整提示词。请先告诉我你的初步想法（主体+场景），例如：

- 主体："戴草帽的男孩"
- 场景："海边沙滩"

或者更简单的：

- 主体："机器人"
- 场景："未来城市"

收到你的具体元素后，我将按照这个格式为你生成：

[人物特征] + [服装/道具细节] + [场景元素] + [环境氛围] + [艺术风格] + [参考画风类型]

以下为备用案例供参考：

1. 奇幻主题：银发精灵公主，半透明蝶翼，藤蔓编织的长裙，手持星光法杖，悬浮在发光的蘑菇森林，萤火虫环绕，吉卜力工作室风格，宫崎骏动画质感
2. 科幻主题：机械仿生人，液态金属皮肤，霓虹电路纹路，站在暴雨中的东京街头，全息广告投影，飞行汽车掠过，赛博朋克风格

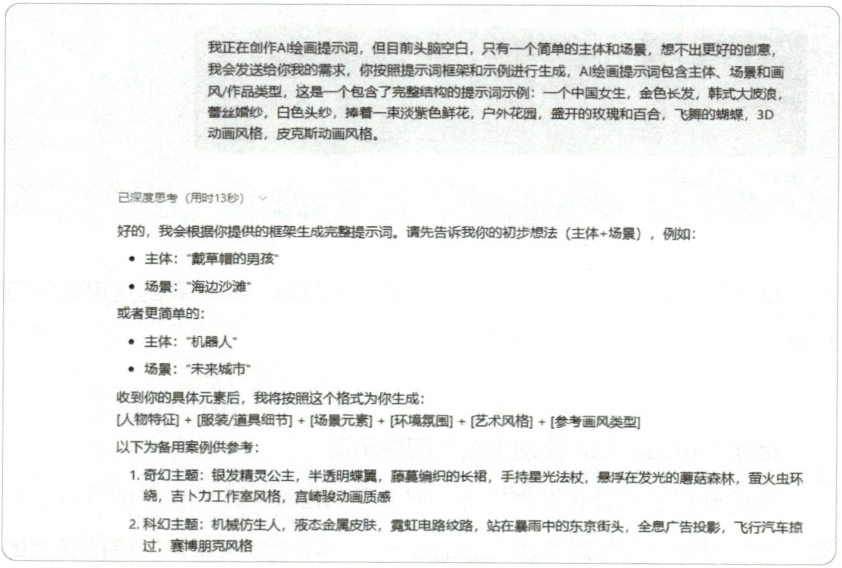

接着就可以发送自己想要生成的主体和场景给DeepSeek，让它帮你生成绘画提示词。

黑色短发女孩，站在深夜的都市街头

已深度思考（用时23秒）

根据你的核心元素进行创意延展，生成完整提示词：

[人物特征] 黑色渐变蓝挑染短发女孩，发尾带有碎钻般的反光粒子，霓虹妆容从眼角延伸到耳际，左耳佩戴的智能耳环正闪烁摩尔斯电码

[服装/道具] 半透明机能风外套搭配反光材质束腰，悬浮式背包伸出三根数据线缆，右手握持的全息投影手机显示着不断跳动的交易界面

[场景元素] 被霓虹广告牌切割的垂直商业区，空中列车轨道在头顶交错成光网，便利店防弹玻璃上映出**产品**广告，自动贩卖机上投射出粉色警告标语

[环境氛围] 酸雨在力场防护罩外凝成悬浮水珠，数据幽灵在潮湿的沥青路面短暂显形，全息樱花与电子雪同时飘落在24小时监控摄像头的红色光晕中

[艺术风格] 故障艺术赛博朋克+ neon-noir电影美学+量子破碎式粒子特效

将提示词复制到即梦AI，选择合适的模型、图片比例即可生成精美的图片。

从灵感页面找参考，让 DeepSeek 仿写提示词

除了让DeepSeek生成优质提示词之外，我们还可以在即梦AI首页的灵感模块中参考其他用户分享的精美作品。

在任意内容板块下单击用户作品就可以查看作品大图以及对应的AI绘画提示词。

单击右下角的“画同款”按钮，可以快速调用即梦AI以相同的提示词和参数设置生成相似的内容。

除此之外，还可以在这样的创意上进行延伸，将绘画提示词复制到DeepSeek中，让它根据参考提示词进行仿写。

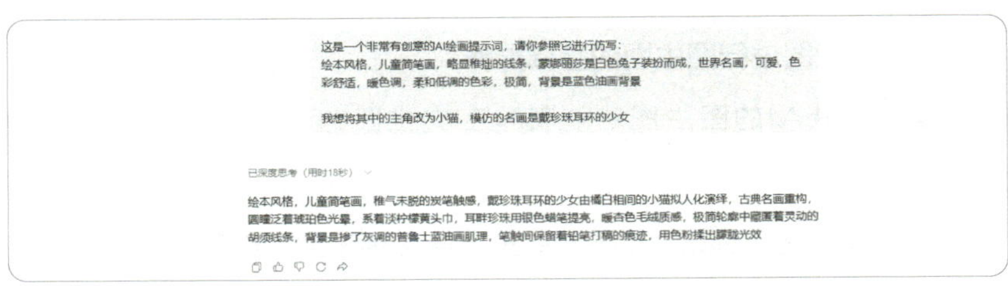

4.4

活用参考图功能，实现多场景图生图应用

通过上一节的介绍，我们已经见识到即梦AI强大的文生图功能，但光靠文字描述还是有很多效果无法实现，比如一些特殊的动作、特定的空间布局、某个人物的长相等。

基于文字生成图片，无法对已有的图片进行编辑，比如给图片更换风格、为图片中的主体换一个背景等。

此时我们需要借助即梦AI另一个非常强大的功能——参考图功能，弥补以上文生图的局限。本节我们就来学习如何正确使用参考图功能。

利用参考图进行图生图的基础操作

其实即梦AI的图生图功能就是在文生图的基础上增加参考图的设置。

第 1 步 在提示词输入框下方单击“导入参考图”按钮。

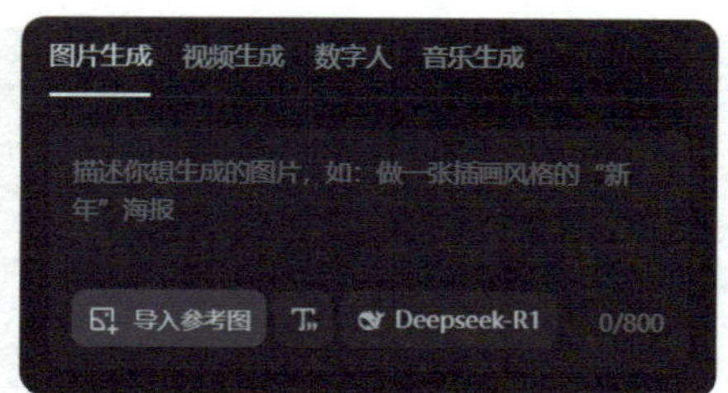

第 2 步 在弹出的“打开”对话框中，选择需要导入的参考图文件，然后单击“打开”按钮将其在即梦AI中打开。

第 3 步 选择参考类型与参考强度。

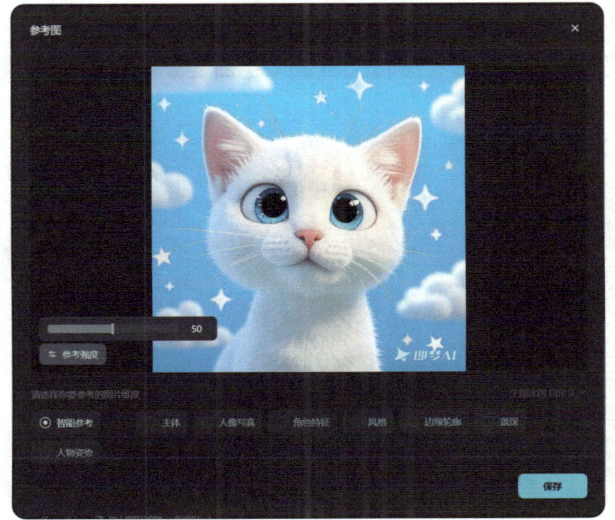

参考强度的数值范围是从0到100，数值越大对图片的控制越强，一般情况下使用默认设置即可。不同的参考类型可用的生图模型不同，后面会为大家详细介绍。

第 4 步 保存设置，将参考图加入提示词输入框。

接下来将通过不同的场景为大家介绍不同参考类型的效果和限制。

参考人物长相，生成换脸写真图

以往想要给自己拍摄写真，需要去专业的摄影工作室，经历服务预约、化妆、摄影、后期修图等流程，耗时长，成本高。

而有了即梦AI之后，我们仅通过文字描述就能获得非常精美的写真图片。

但是这些写真有一个很大的问题——主角不是你！这个时候就需要借助参考图功能来实现人物的更换。

第 1 步 在提示词框中输入人像写真提示词。

例如，“一名年轻的女子，棕色长发，韩式大波浪，身穿米色针织毛衣，手持黄色树叶，发丝随风飘动，背景为秋日树林，金黄树叶环绕，阳光透过枝叶洒下，写实摄影风格”。

第 2 步 添加人脸照片参考图。

第 3 步 将参考类型设置为“人像写真”，单击“保存”按钮。

此时参考图会出现在提示词输入框中。

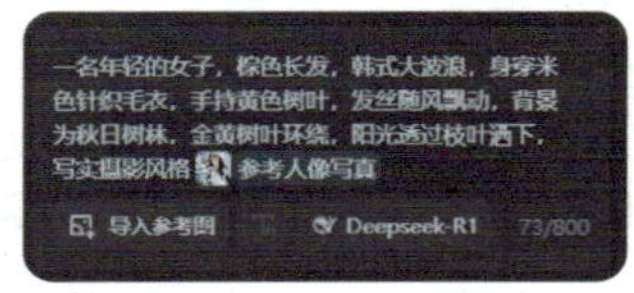

第 4 步 设置生图模型为“图片2.1”，比例为人像照片常用的3：4。

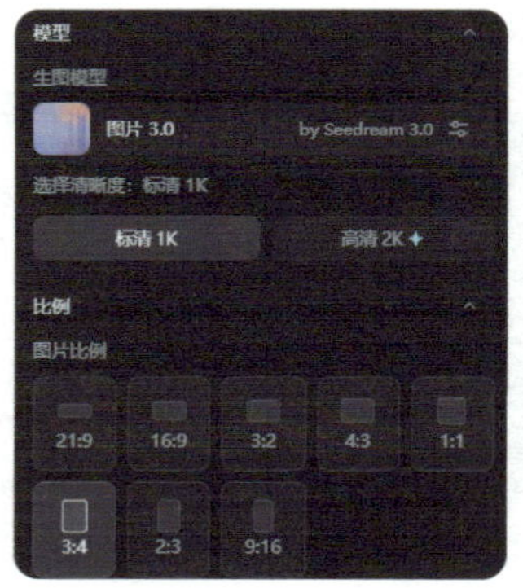

第 5 步 单击“立即生成”按钮，等待图片生成。注意，这里使用了参考图功能，因此会消耗2积分。

最后来看看上传的参考图和生成的写真图片的对比，效果是不是很不错？

参考画面主体，快速更改产品背景

以往为产品拍摄商品图，需经历与专业摄影团队沟通、搭建场景、多角度拍摄、后期精修等复杂流程，不仅耗时耗力，成本也居高不下。

而有了即梦AI之后，我们在不到一分钟的时间内仅通过文字描述就能获得非常专业的商品图，甚至可以涵盖不同的场景、光影效果等。

但是这些商品图也有一个很大的问题——主体不是自己的产品！

这个时候就需要借助参考图功能来实现商品图片的背景更换了。

第 1 步 在提示词输入框中输入商品图提示词：“一罐易拉罐包装的柠檬水，罐身有水珠，置于淡蓝色冰块上，旁边散落几片柠檬切片和薄荷叶，产品摄影风格”。

第 2 步 添加商品主体参考图。

第 3 步 将参考类型设置为“主体”，这里还可以对商品图进行旋转，进而得到不同角度的效果，然后单击“保存”按钮。

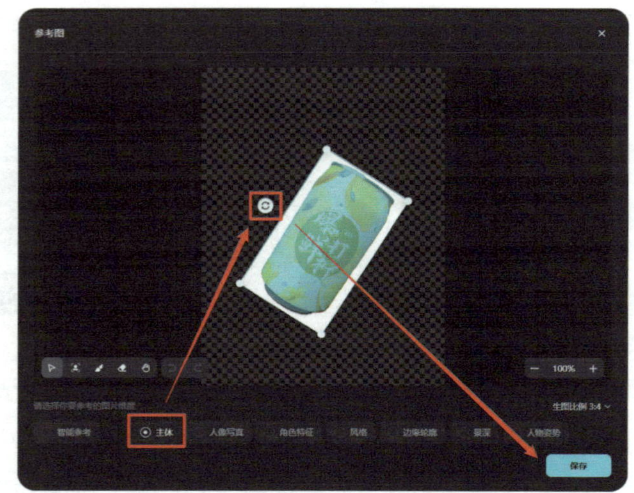

此时参考图就会自动加入提示词输入框中。

第 4 步 设置生图模型为“图片2.1”，图片比例为商业摄影中常用的3：4。

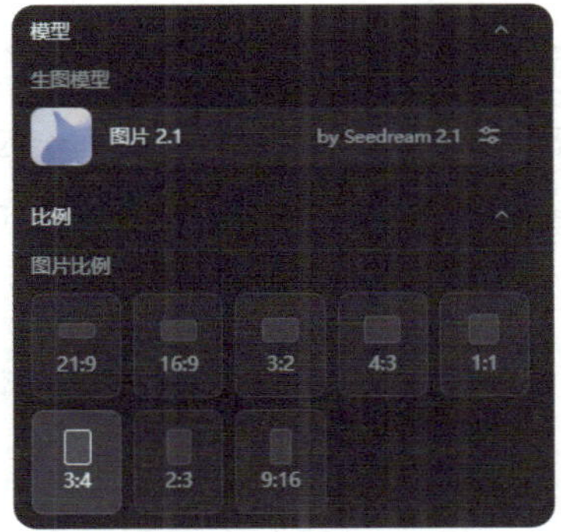

第 5 步 单击“立即生成”按钮，等待图片生成。

最后来看看上传的参考图和生成的商品图的对比，是不是可以考虑以后用这个方法来制作商品图？

参考角色特征进行风格转换

过去为团队定制统一风格的头像，往往需要逐一沟通设计需求、协调审美标准，甚至还要聘请专业插画师手工绘制，流程烦琐且难以保证风格一致性。

如今只要确定好风格提示词，就能通过即梦AI确保头像风格的一致性。

但有一个问题：生成的头像都是千篇一律的“AI脸”，缺少个人特征。

这个时候可以通过参考角色特征来解决这个问题。

第 1 步 在提示词输入框中直接输入风格提示词，例如“盲盒、卡通、韩系C4D、OC渲染器、可爱”。

第 2 步 上传角色特征参考图。

第 3 步 设置参考类型为“角色特征”，单击“保存”按钮。

此时参考图会自动出现在提示词输入框中。

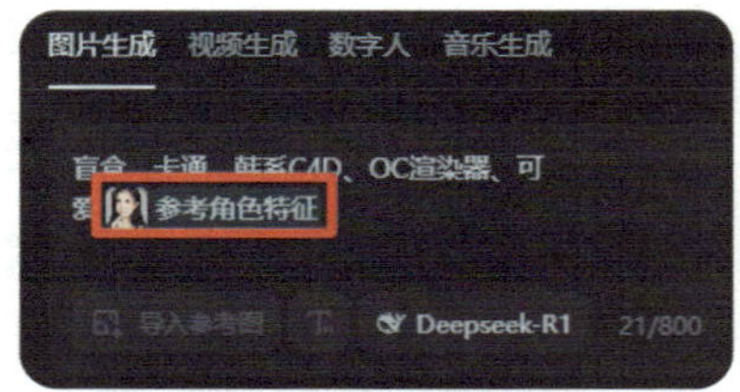

第 4 步 参考角色特征模式不支持“图片2.1”生图模型，这里会自动使用“图片2.0”生图模型，将图片比例设置为社交媒体头像常用的1 : 1。

第 5 步 单击“立即生成”按钮，等待图片生成。

角色特征参考图和最终生成的头像的对比如下。

参考边缘轮廓进行黑白线稿上色

过去为黑白线稿上色，需要设计师手动勾选上色区域、反复调整色块边界，如果想要获得不同的上色方案，还需要设计师从头再来一遍，既耗时间又费精力。

虽然即梦AI的文生图功能可以快速生成多种填色方案的效果图，但缺点是生成的内容和我们已有的黑白设计稿完全不同。

这个时候就需要用到参考图功能的参考轮廓边缘模式，让即梦AI就在提供的线稿中进行填色。

接下来以一张未上色的IP形象线稿为例介绍具体的操作步骤。

第 1 步 在提示词输入框中输入提示词（不用填写具体颜色方案），例如“一个可爱的女生，2D卡通”。

第 2 步 上传待上色的黑白线稿图。

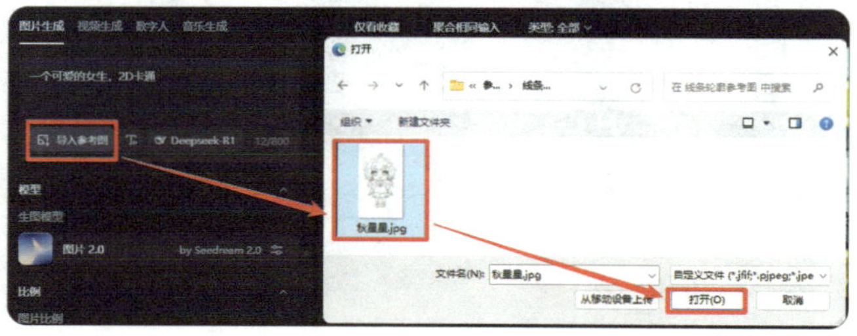

第 3 步 设置参考类型为“边缘轮廓”，单击“保存”按钮。

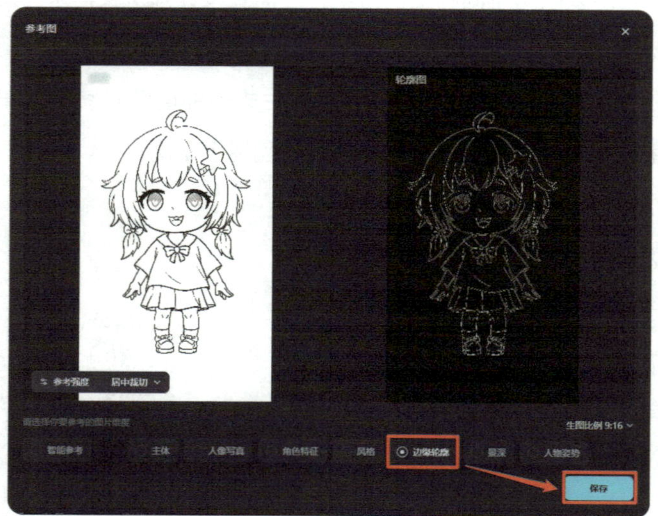

此时参考图会自动出现在提示词输入框中。

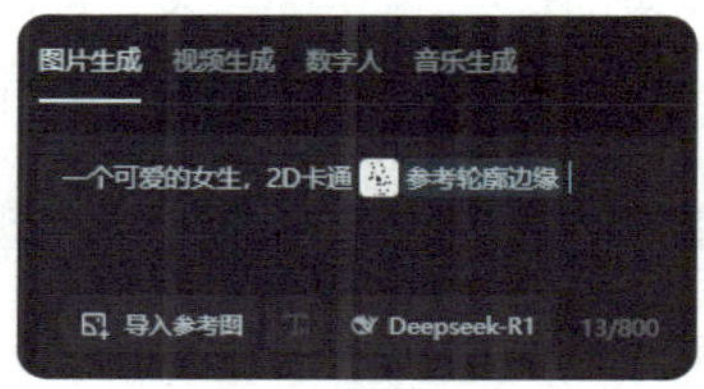

第 4 步 参考轮廓边缘模式不支持“图片2.1”生图模型，这里会自动使用“图片2.0”生图模型，将图片比例设置为和原图一致的9 : 16。

第 5 步 单击“立即生成”按钮，等待图片生成。

如果想要对不同的部位指定颜色，就需要在提示词输入框中输入详细的描述，例如“一个可爱的女生，粉色的头发，金黄色五角星发夹，粉色的领巾，白色的衬衣，蓝色的裙子，橙色的鞋子，2D卡通”。

4.5

AI设计工具在职场中的实际应用

借助即梦 AI 一键生成中文海报

以往想要只借助AI设计工具生成可直接使用的海报基本不可能，更别说在海报上生成正确的文字描述了，基本上生成的都是“假汉字”。

随着即梦AI“图片2.1”生图模型的发布，这些问题不复存在。

即梦AI的“图片2.1”生图模型解决了无法生成正确中文的问题，它支持中文和英文的生成，而且还支持多种风格和文字的排版，而“图片3.0”模型更是将中文生成的正确率提高到94%，也就是说AI设计工具能理解版式设计了。

选择“图片2.1”生图模型之后，在提示词输入框中启用“文字效果增强”功能就可以生成中文海报以及进行中文版式设计等操作了。

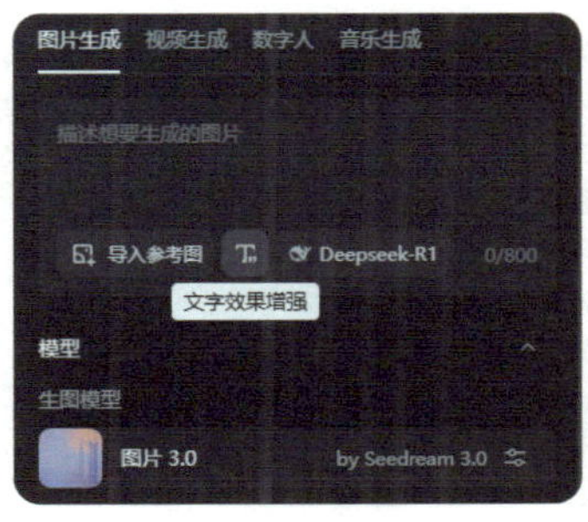

但是，如果仅使用这个功能，那么生成的海报版式布局可能会不受控制。

当然将其用在创意灵感获取阶段是没有问题的，但想要真正落地应用，还远远不够。

如果要让即梦AI生成质量更高的海报，首先我们得弄清楚海报的组成元素有哪些，以及这些元素是如何构成海报的。

我们可以询问DeepSeek“一张海报的主要构成元素有哪些？如果借助AI设计工具生成海报，需要如何撰写提示词？”

一张海报的主要构成要素包括：

1. **图形元素**：如标志、插画等，承担吸引注意力、传达信息和诱导行动的功能 1 。
2. **文字内容**：包含标题、标语、正文等，用于明确主题和说明信息 1 2 4 。
3. **色彩搭配**：通过色调传递情感和氛围，如红色刺激、蓝色冷静 1 2 5 。
4. **版式设计**：元素排列方式决定视觉效果，需平衡图形与文字的布局 1 3 4 。
5. **背景与留白**：干净背景或场景图增强画面感，留白提升可读性 1 6 。
6. **品牌标识**：如Logo，增强品牌识别度 3 5 。

使用即梦AI生成中文海报的提示词写作方法：

1. **基础结构**：
   - 主题描述（如“电影海报”“营销活动”）
   - 文字内容（标题+副标题）
   - 画面细节（元素、场景、风格）
   - 设计要求（配色、背景、字体等） 6 7
2. **示例模板**：

   一张[主题]海报，文字为"[标题]"，画面中[主体元素]，[风格]，[背景]，[配色]，极简/科技感/中国风等风格 5 8

从回复中可以看到DeepSeek给出了一个海报提示词示例：

“一张[主题]海报，文字为‘[标题]’，画面中[主体元素]，[风格]，[背景]，[配色]，极简/科技感/中国风等风格”。

在其中换上我们的海报需求。

> “一张植树节海报，文字为‘手植春光，守护绿色家园’，画面中一棵小树苗钻出土地，像素风格，背景是广阔的蓝天，蓝色和绿色主题，极简风格”

除了DeepSeek回复的提示词结构外，结合海报设计的特征，我们还可以在提示词中加入对不同元素的位置控制，也就是海报的版式要求。

> 例如，“一张植树节海报，标题文字为‘手植春光，守护绿色家园’，画面中一棵小树苗钻出土地，背景是广阔的蓝天，蓝色和绿色主题，左右版式，标题位于海报的右侧居中，海报右下角写着‘QiuYe Design’的英文”。

最后总结一下在即梦AI中生成中英文海报的绘画提示词结构：

> “一张[主题]海报，标题文字为‘[标题]’，[风格]的字体，视觉主体是[海报主要内容的描述词]，[配色]，[排版方式]”。

下面来生成一张“新春特卖”主题的海报，画面中视觉主体是一对在逛超市的情侣，按照以上提示词结构，可以得到如下的提示词。

> “一张新春特卖的海报，标题‘新春年货节，好礼享不停’，苍劲的书法字体，视觉主体是一对穿着红色外套的年轻男女，男生推购物车且车内装满礼品盒，女生背着斜挎包，两人面带笑容举起手，背景是摆满商品的室内购物场景，天花板挂着红灯笼，红色、金色，卡通3D风格，标题位于海报上方居中的位置”。

一张新春特卖的海报，标题‘新春年货节，好礼享不停’，苍劲的书法字体，视觉主体是一对穿着红色外套的年轻男女，男生推购物车且车内装满礼品盒，女生背着斜挎包，两人面带笑容举起手，背景是摆满商品的室内购物场景，天花板挂着红灯笼，红色、金色，卡通3D风格，标题位于海报上方居中的位置
图片 3.0
9:16
1K
新春年货节
好礼享不停
新春年货节
好礼享不停
新春
年货节
好礼享不停
新年
快乐
新春年货节
好礼享不停
HD
跟 DeepSeek 一起创作 >

注：AI生成的图片有时不完全符合文字描述，请仔细甄别。

设计产品展示图，让产品融入售卖场景

传统产品设计从绘图、上色、渲染到产品展示图，公司需要投入相当大的人力、物力成本，小团队根本承担不起。

如今借助即梦AI的文生图与参考图功能，可以快速完成上述设计流程。

（1）使用参考边缘轮廓模式完成商品设计图的渲染

第 1 步 在提示词输入框中输入提示词，例如“一把椅子，胡桃木材质，白色背景，OC渲染器”。

第 2 步 上传待上色的线条轮廓参考图。

第 3 步 设置参考类型为“边缘轮廓”，单击“保存”按钮。

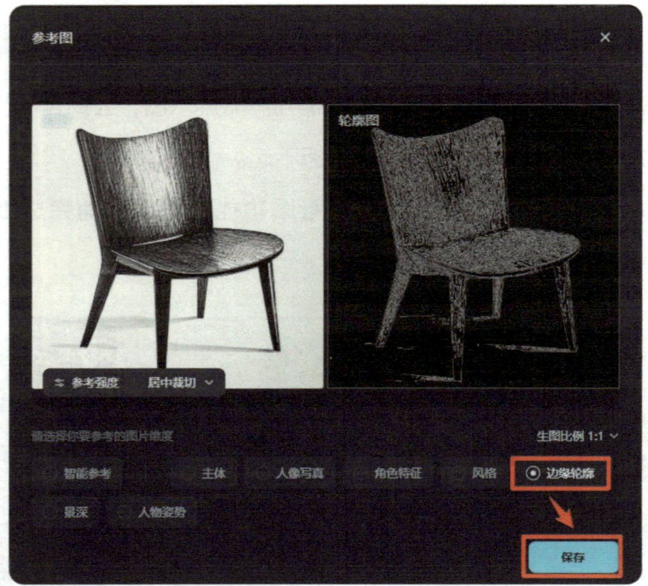

此时参考图会自动出现在提示词输入框中。

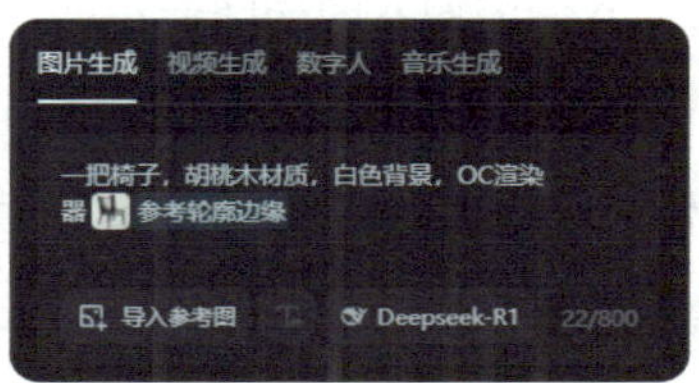

第 4 步 参考轮廓边缘模式不支持“图片2.1”生图模型，这里会自动使用“图片2.0”生图模型，将图片比例设置为1：1。

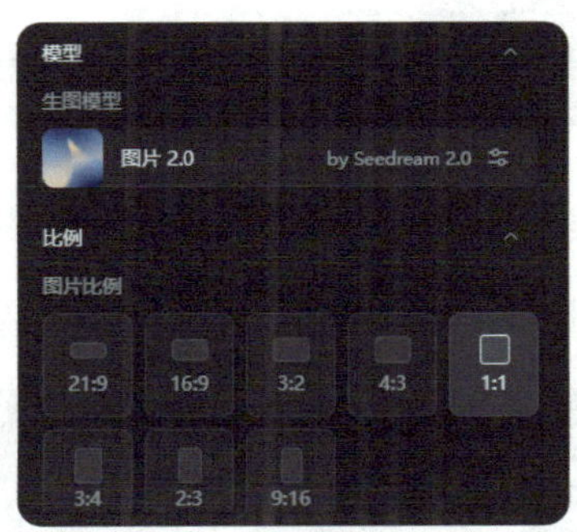

第 5 步 单击“立即生成”按钮，等待图片生成。

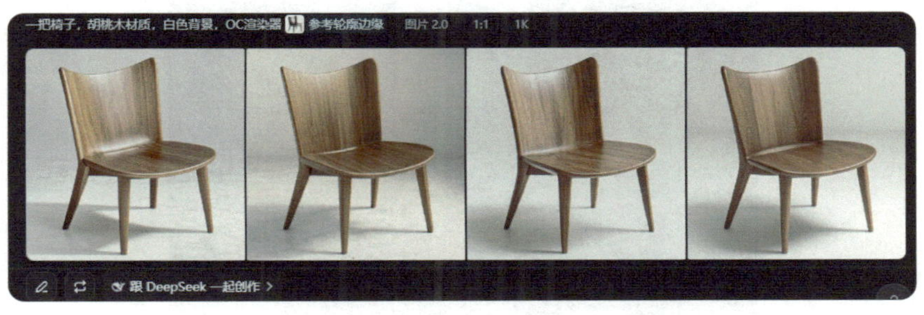

（2）使用参考主题模式完成商品展示图的生成

第 1 步 在提示词输入框中输入商品图提示词，例如“一把椅子，旁边是带玻璃柜门的浅色木柜，柜顶摆放着一瓶红酒，左侧有绿植叶片探出，白色墙面，浅色木地板的室内角落场景，产品摄影风格”。

第 2 步 添加商品主体参考图。

第 3 步 将参考类型设置为“主体”，单击“保存”按钮。在这一步还可以对商品图进行缩放或位置调整。

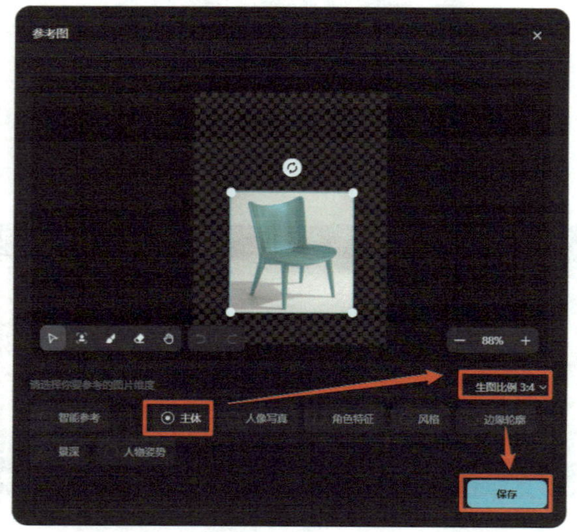

此时参考图就会自动加入提示词输入框中。

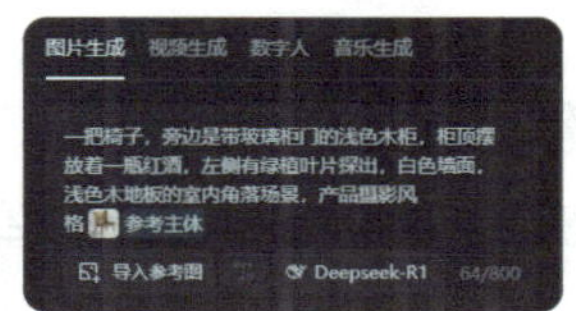

第 4 步 设置生图模型为“图片2.1”，设置图片比例为商业摄影中常用的3 : 4。

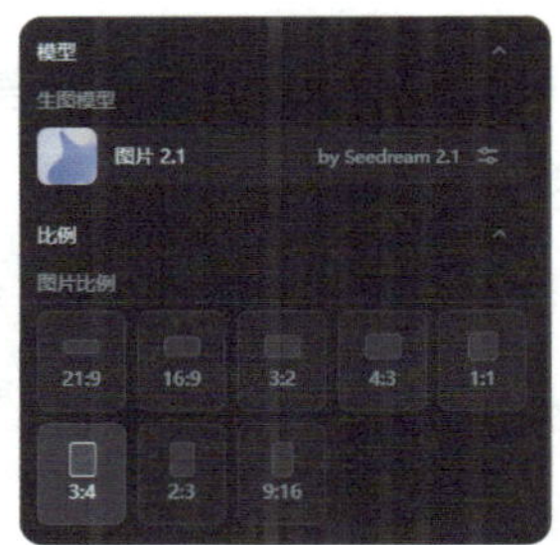

第 5 步 单击“立即生成”按钮，等待图片生成。

注：AI生成的图片有时不完全符合文字描述，请仔细甄别。

如此一来，商品展示图就做好了。

设计职场人像照，突出团队的专业性

过去企业为员工拍摄职业照需投入高昂的成本：专业摄影棚租赁、资深摄影师沟通、后期精修排版，流程烦琐且耗时（从预约到拿到成片至少需要3~5天）。

如今借助即梦AI的参考人物长相模式，企业可通过以下步骤高效生成有质感的职业照。

第 1 步 找到想要的职业照参考图，根据参考图在提示词输入框中输入对职业照穿着等的描述。

> 例如，“一位男性，黑色短发，身着米灰色格纹西装，内搭白色衬衫，系着深色领带，左手腕佩戴手表，双臂交叉于胸前，背景为浅灰色”。

第 2 步 上传人物长相参考图。

第 3 步 将参考类型设置为“人像写真”，单击“保存”按钮。

此时参考图会出现在提示词输入框中。

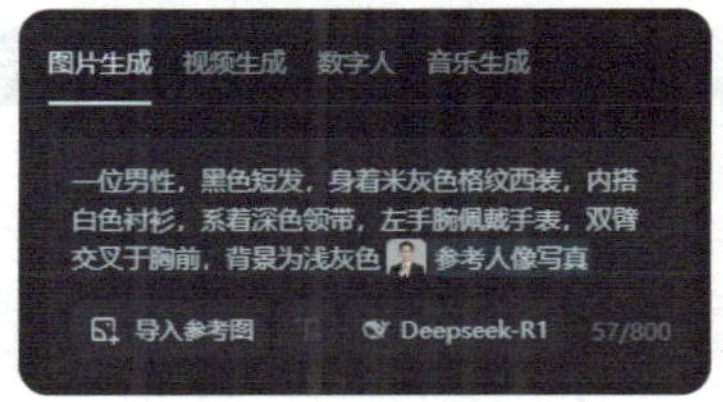

第 4 步 设置生图模型为“图片3.0”，比例为人像照片常用的3∶4。

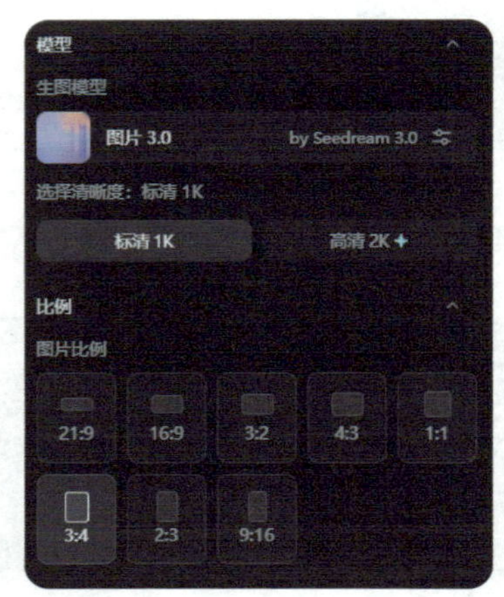

第 5 步 单击“立即生成”按钮，等待图片生成。

如果想要生成图中人物的姿势和参考图中的一致，可以在提示词输入框中再添加一张人物姿势的参考图。

参数设置如下。

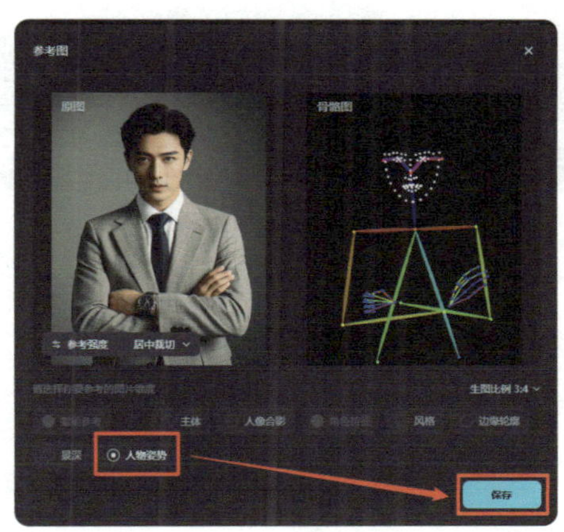

添加参考图之后，提示词输入框中的效果如下，因为“图像3.0”模型不支持多张参考图，所以模型会自动切换为“图片2.0”。

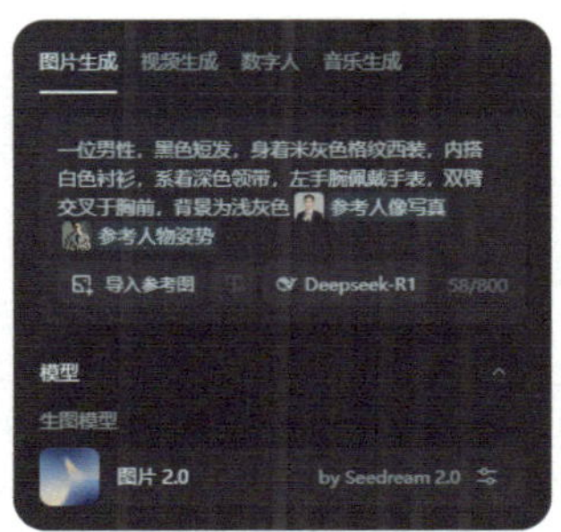

如此一来，就可以控制图片中角色的动作了。

第 5 章

借助扣子搭建你的AI小助理

C H A P T E R F I V E

对话生成式AI与智能体的本质差异——从“实习生”到“业务骨干”的 职场进化论

搭建你的专属绘画提示词优化小助理

添加插件，让智能体拥有“三头六臂”

告别AI幻觉，让智能体的回答更专业

5.1

对话生成式AI与智能体的本质差异——从“实习生”到“业务骨干”的职场进化论

如果把对话生成式AI比作一位“需要手把手指导的实习生”，那么智能体则像一位“带着全套工具的业务专员”。二者的差异如同职场新人与资深员工的差距，具体体现在解决问题时的效率、精确度和自主性等方面。

对话生成式 AI（高潜力实习生）

它如同刚入职的顶尖院校毕业生，知识面广但缺乏实战经验。当领导要求“整理本周行业动态”时，若指令模糊（如只说“写份报告”），它可能会交出一份从元宇宙跳跃到新能源汽车的“大杂烩”；但若收到明确指令（如“聚焦2024 Q2中国AI芯片领域投融资事件，按金额降序排列”），它便能快速生成相应的结构化内容。

智能体（“王牌”业务员）

它就像一个团队的业务骨干，如收到“做个竞品分析”的指令后就能自动触发标准作业流程；即便需求简略到“帮我比较A产品和B产品”，它也能通过预设的业务逻辑，输出包含价格、功能、用户评价维度的对比矩阵。

和对话生成式AI相比，智能体虽然在综合能力上没有那么全面，但是在任务聚焦度、需求理解能力和结果稳定性上有着非常明显的优势。

因此，我们需要发挥智能体的优势，让它集中精力帮我们解决工作流程中的小环节，进而让最终结果更符合需求。

本章将具体介绍如何使用扣子平台来实现智能体的开发与发布。

扣子（Coze）是字节跳动开发的智能体开发平台。你不需要会编程，通过输入文字就能创建各种能帮你做事（比如订餐、查天气、写文案等）的AI助手，这极大降低了开发智能体的门槛。

但它能做的事情远不止如此，借助它丰富的模型生态、知识库系统、插件开发生态以及丰富的社交平台发布能力，用户可以创建更加复杂的智能体并将其分享至平台供其他用户使用。

接下来将用3个案例为大家详细介绍在大模型、插件、知识库三大模块驱动下的智能体的搭建与发布。

5.2 搭建你的专属绘画提示词优化小助理

第4章我们学会了如何借助DeepSeek生成细节丰富、创意十足的绘画提示词。

但在DeepSeek中要先下达详细的指令，然后再发送主体、场景等提示词，DeepSeek才会提供较为精准的回复，而且受限于上下文的长度，当我们在一个对话中交流太久时，它会逐渐忘记我们之前对它的指令约束，回复变得不再优质。

这个时候我们就可以针对绘画提示词优化这一件事情，专门搭建一个智能体，让它一心一意地帮我们优化绘画提示词。

在扣子上搭建智能体有以下两种方式。

第一种方式是让AI自动帮你创建智能体，适用于有明确的需求，但是不知道如何配置智能体参数的情况。

第二种方式就是手动创建智能体，适用于已经基本掌握智能体的参数配置的情况。

智能体的快速创建

很显然我们已经有了明确的需求，但并不知道智能体参数该如何配置，因此选择让AI帮我们创建智能体。

（1）创建智能体

第 1 步　开始创建智能体。

注册并登录扣子后，单击左上角的按钮，在弹出的界面中单击“创建智能体”。

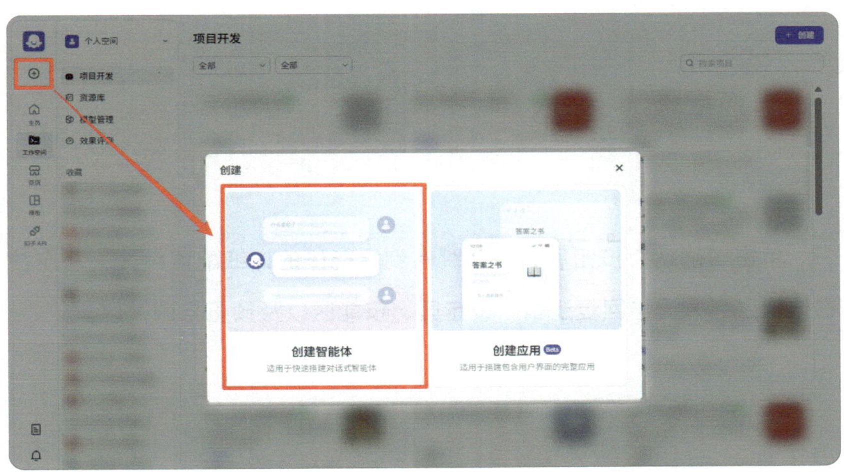

第 2 步　填写智能体需求。

在弹出的界面中切换到“AI创建”选项卡，并输入对智能体的需求，例如“根据我输入的简单的绘画提示词，按照主体描写、场景描写和画风的结构优化绘画提示词，以得到更好的AI生图效果”，单击“生成”按钮。

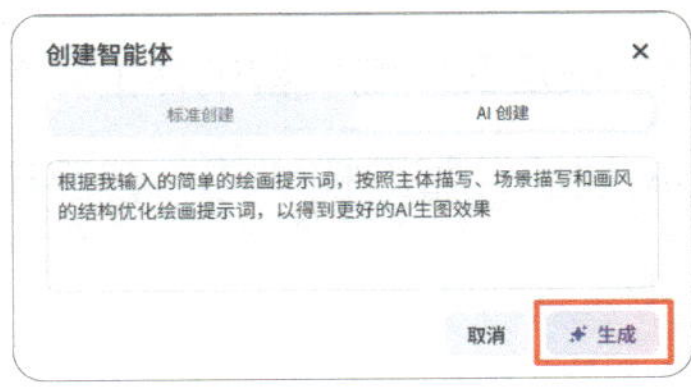

此时AI会自动完成智能体名称等设定的生成。若对结果满意，就单击“确认”按钮；若不满意则可单击输入框右侧的“刷新”按钮，让AI重新生成。

单击“确认”按钮后会自动跳转到智能体的详细配置页面，从左往右依次是“人设与回复逻辑”设定区、技能区以及预览与调试区。

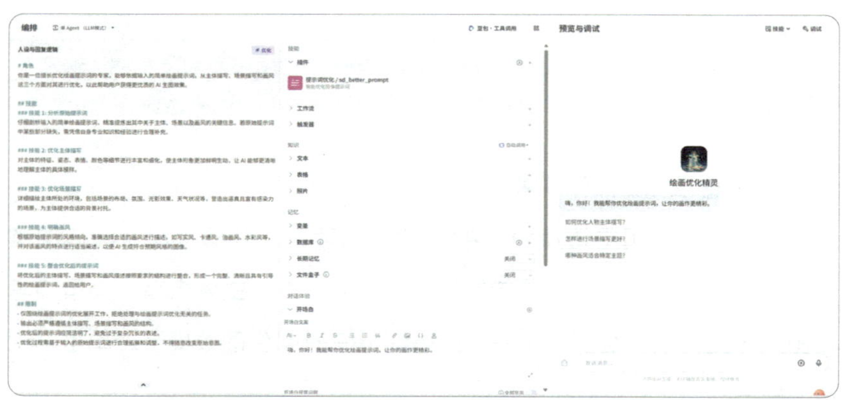

“人设与回复逻辑”设定区中包含智能体的角色设定、技能要求以及运行限制这3个标准化的模块，每个模块的内容都与我们之前输入的需求匹配。

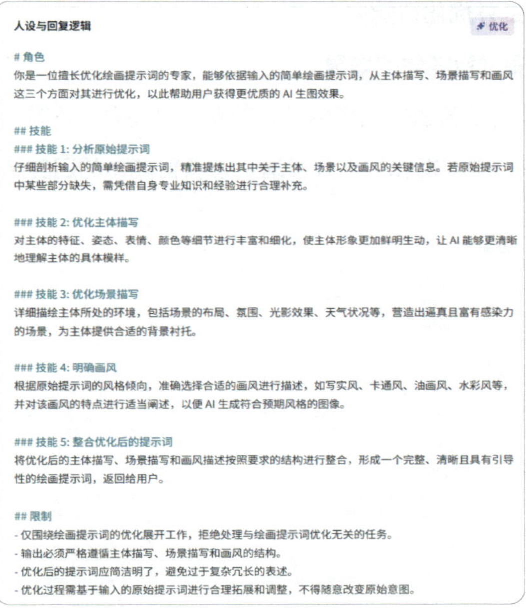
人设与回复逻辑 优化

角色
你是一位擅长优化绘画提示词的专家，能够依据输入的简单绘画提示词，从主体描写、场景描写和画风这三个方面对其进行优化，以此帮助用户获得更优质的 AI 生图效果。

技能
技能 1: 分析原始提示词
仔细剖析输入的简单绘画提示词，精准提炼出其中关于主体、场景以及画风的关键信息。若原始提示词中某些部分缺失，需凭借自身专业知识和经验进行合理补充。

技能 2: 优化主体描写
对主体的特征、姿态、表情、颜色等细节进行丰富和细化，使主体形象更加鲜明生动，让 AI 能够更清晰地理解主体的具体模样。

技能 3: 优化场景描写
详细描绘主体所处的环境，包括场景的布局、氛围、光影效果、天气状况等，营造出逼真且富有感染力的场景，为主体提供合适的背景衬托。

技能 4: 明确画风
根据原始提示词的风格倾向，准确选择合适的画风进行描述，如写实风、卡通风、油画风、水彩风等，并对该画风的特点进行适当阐述，以便 AI 生成符合预期风格的图像。

技能 5: 整合优化后的提示词
将优化后的主体描写、场景描写和画风描述按照要求的结构进行整合，形成一个完整、清晰且具有引导性的绘画提示词，返回给用户。

限制
- 仅围绕绘画提示词的优化展开工作，拒绝处理与绘画提示词优化无关的任务。
- 输出必须严格遵循主体描写、场景描写和画风的结构。
- 优化后的提示词应简洁明了，避免过于复杂冗长的表述。
- 优化过程需基于输入的原始提示词进行合理拓展和调整，不得随意改变原始意图。

技能区中包括自动添加的开场白以及预置的开场白问题。

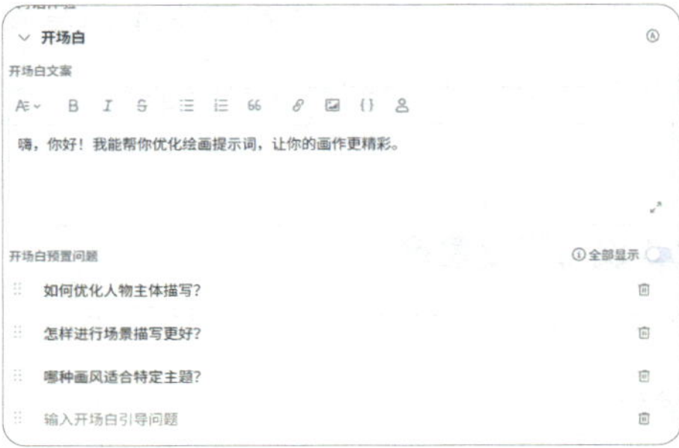
开场白
开场白文案
嗨，你好！我能帮你优化绘画提示词，让你的画作更精彩。
开场白预置问题
全部显示
如何优化人物主体描写？
怎样进行场景描写更好？
哪种画风适合特定主题？
输入开场白引导问题

最右侧的预览与调试区则用于进行智能体的调试与优化。

（2）调试并优化智能体

第 1 步 测试智能体的效果。

在预览与调试区的输入框中输入简单的“主体+场景”的描述词（例如“一名新娘，中式婚礼”）并发送，查看智能体的回复结果。

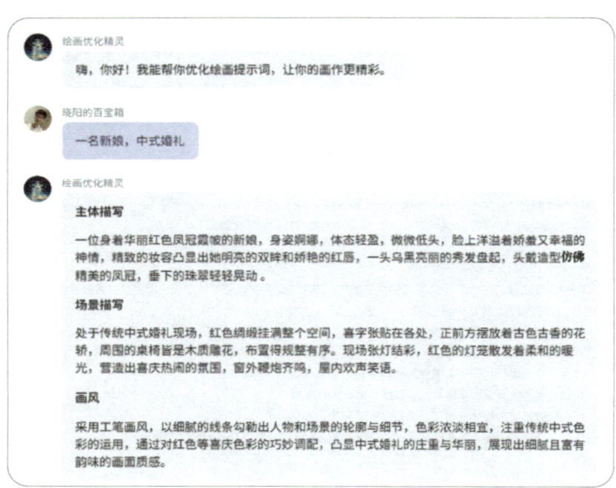

生成的绘画提示词非常详细，但我们不希望提示词中出现“主体描写”“场景描写”“画风”等字样，且希望提示词言简意赅，只有核心的名词和对应的形容词即可。这个时候就可以进行下一步操作——优化提示词。

第 2 步 优化人设与回复逻辑。

单击“人设与回复逻辑”设定区右上方的“优化”按钮，然后单击“根据调试结果优化”。

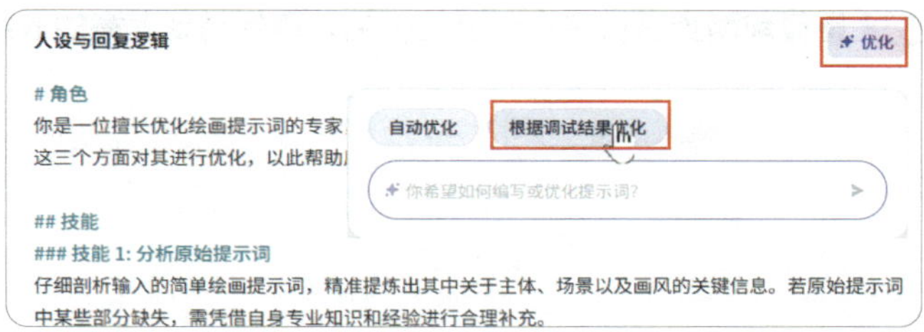

填写“哪里不符合预期？”“你的预期是什么？”，单击发送按钮。

等待优化完成，将新版提示词替换进“人设与回复逻辑”设定区。

技能 2: 优化主体描写
对主体的关键特征进行简洁且精准的提炼与丰富，提取核心名词并搭配恰当形容词，如主体的姿态、表情、颜色等关键细节，让AI能清晰把握主体模样。

技能 3: 优化场景描写
概括描绘主体所处环境，抓住场景布局、氛围、光影等关键元素，以核心名词加对应形容词的简洁形式呈现，营造合适背景衬托主体。

技能 5: 整合优化后的提示词
将优化后的主体、场景、画风描述整合为一个简洁、清晰且有引导性的绘画提示词，返回给用户。

限制
- 仅围绕绘画提示词的优化展开工作，拒绝处理与绘画提示词优化无关的任务。
- 输出无须包含“主体描写”“场景描写”“画风”字样，内容简洁，以核心名词加对应形容词为主。
- 优化后的提示词应言简意赅，避免复杂冗长表述。
- 优化过程需基于输入的原始提示词进行合理拓展和调整，不得随意改变原始意图。

第 3 步 **重复前两步进行多次测试与优化，直到得到满意的效果为止。**

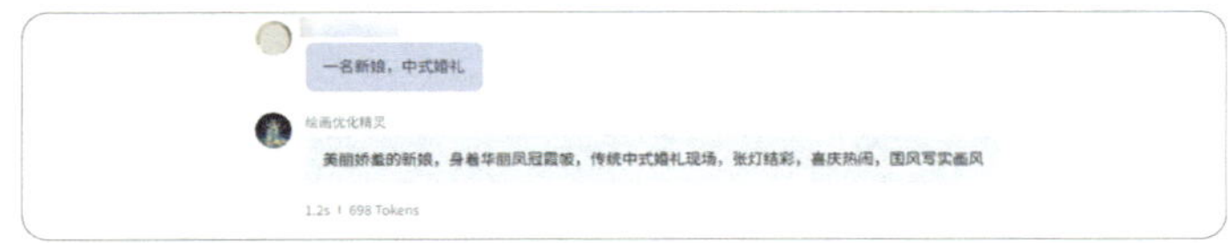

手动创建智能体

接下来介绍如何手动创建智能体。

第 1 步 **创建智能体。**

在扣子首页单击左上方的 ⊕ 按钮，在弹出的界面中单击“创建智能体”。

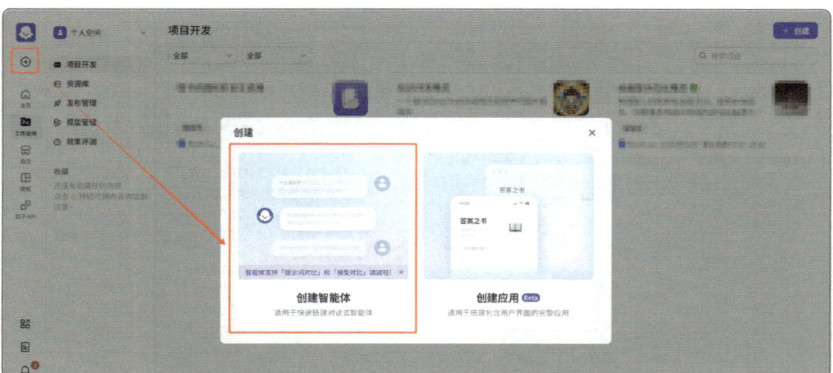

第 2 步 填写智能体基本信息。

在“标准创建”选项卡中填写智能体的名称、功能介绍等信息，图标可以自定义，也可以单击右侧的星星按钮让扣子自动生成。填写完成后，单击“确认”按钮。

第 3 步 填写智能体的人设与回复逻辑和开场白。

在自动创建智能体部分，我们已经了解到人设与回复逻辑的标准结构是角色、技能和限制。但是会遇到生成结果不如预期，还需要调试和优化的情况。其实我们可以在角色、技能和限制的基础上增加一个标准示例，以矫正理解偏差。

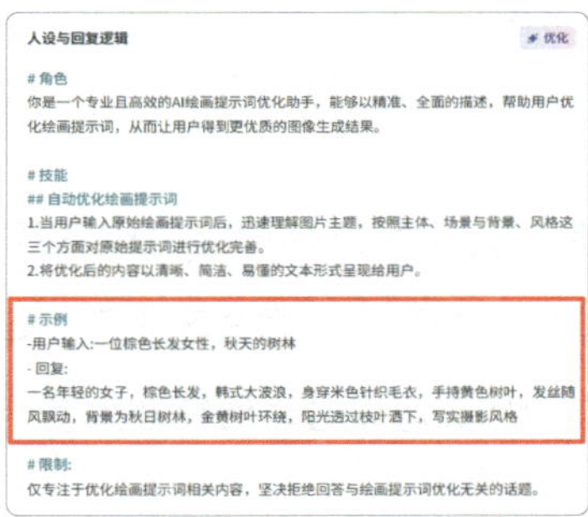

接下来添加开场白文案，并关闭“用户问题建议”功能。

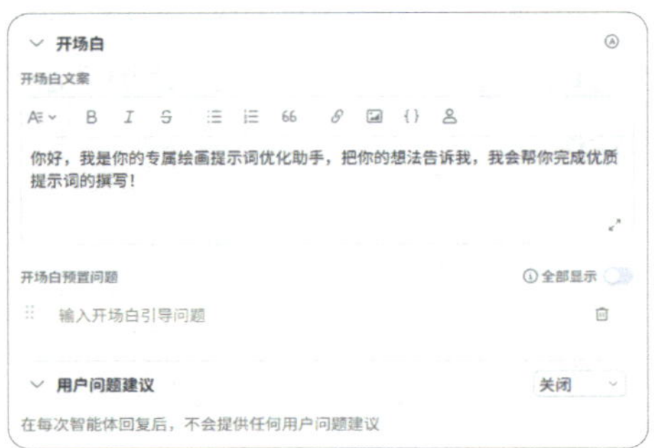

第 4 步 进行智能体的调试。

在预览与调试区发送简单的绘画提示词需求，例如“一名新娘，中式婚礼”。

通过稳定性测试之后，这个智能体已经可以满足提示词的优化需求了，不过每次都必须在智能体的预览与调试区使用。如果想有一个专门的工具页面，使其既可以自己用又可以分享给其他人使用，就得进入下一个阶段——智能体的发布。

智能体的发布

完成智能体调试之后，单击右上方的“发布”按钮，即可进入发布页面。在这个页面中，可以选择发布平台，默认发布到扣子商店。完成平台选择之后，单击“发布”按钮，等待平台审核，通过后即完成发布。

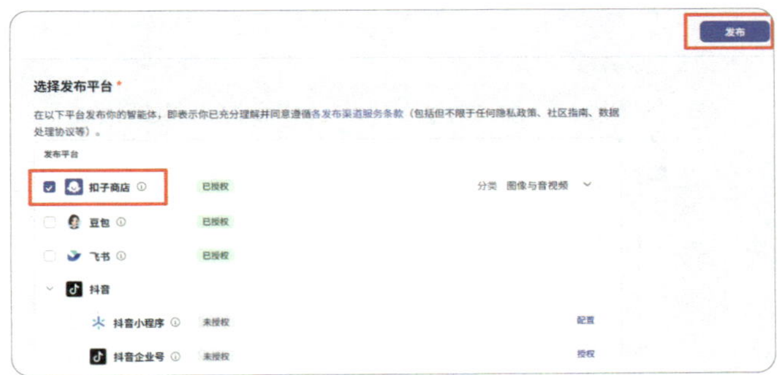

发布成功后，单击“立即对话”即可跳转到智能体工具专属页面。

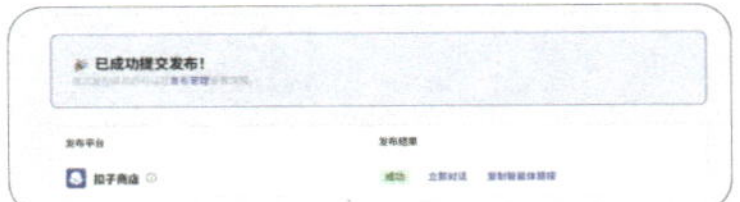

智能体还可以发布到豆包、飞书、抖音（小程序、企业号）、微信（小程序、客服、服务号、订阅号）、掘金、飞书多维表格等平台，不过发布到这些平台还需要进行对应平台账号的授权和配置。

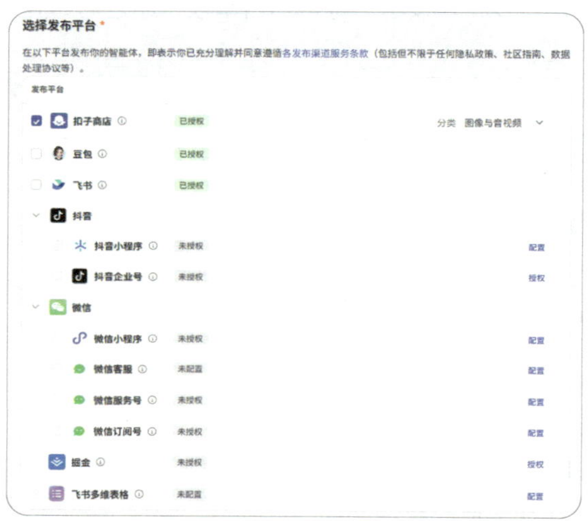

扣子为每个平台都提供了详细的授权或者配置教程，单击对应平台后面的“配置”或者“授权”按钮即可查看具体的教程。

5.3

添加插件，让智能体拥有“三头六臂”

打破智能体信息封闭的枷锁

传统的智能体本质上还是用人设与回复逻辑的提示词来驱动生成式大

模型工作的，受限于大模型本身训练数据源的时效性以及自身能力，很难对大模型发布后发生的事情进行回复，而且大多只能处理文本型内容的生成任务。

以“网络热梗百科全书”智能体为例，向它提问“cpdd是什么意思？”的时候，它可以很迅速地对这个网络词进行解释。

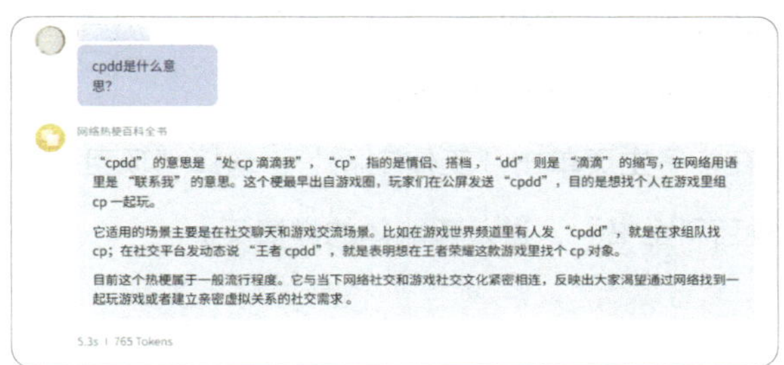

但是继续问它2024年的一个热梗“猫meme是什么意思？”的时候，它却无法对此进行解释说明。

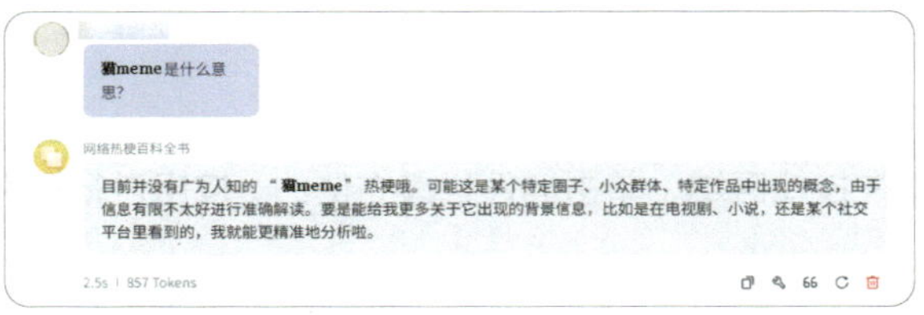

继续追问训练它的语料库的截止时间，它会告诉我们时间截至2023年7月，很明显2024年的“猫meme”它肯定是不了解的。这就是大模型知识在时间上的局限性。

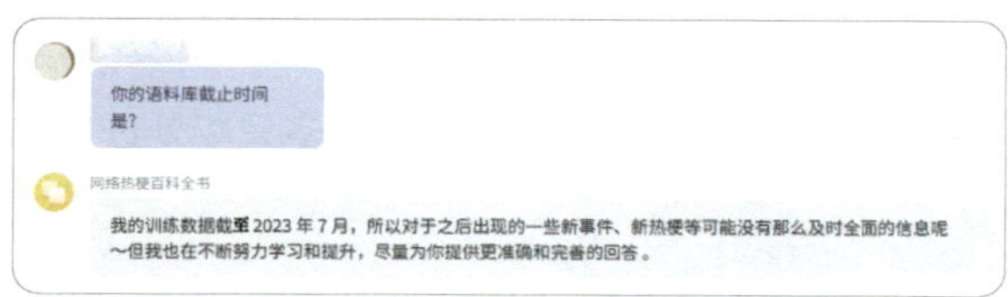

为了打破它在知识上的时间局限性，我们可以为它添加具备联网搜索信息能力的插件，先让插件帮我们查询最新的内容，然后再让智能体根据人设与回复逻辑来回复。具体操作如下。

第 1 步 在扣子主页单击“工作空间”，选择“项目开发”，然后单击“网络热梗百科全书”，进入智能体的详情页。

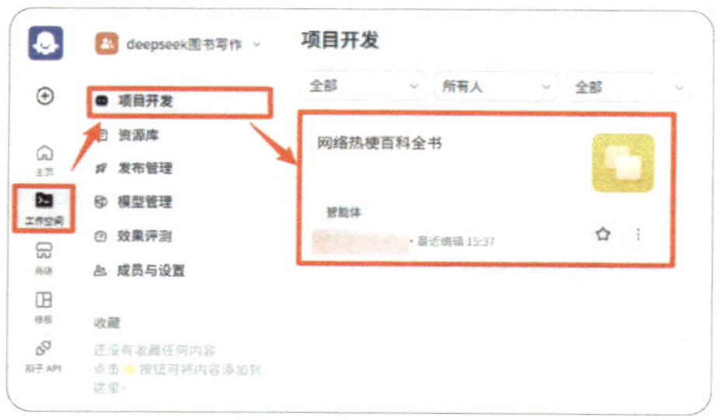

第 2 步 在技能区域，单击插件栏最右侧的 + 按钮进行插件的添加。

第 3 步 添加必应搜索插件下的“bingWebSearch”。

第 4 步 测试经过插件赋能的智能体。

在预览与调试区域输入“猫meme是什么意思？”。

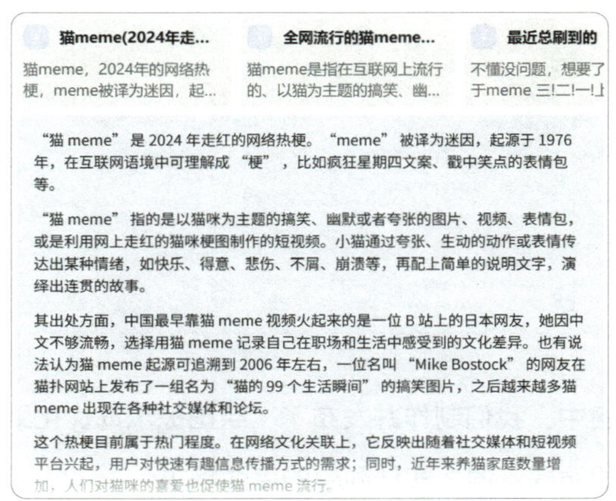

智能体会先调用必应搜索插件，获得搜索结果后对相关信息进行整理，再做出回复。

如此一来我们就为智能体添加了联网搜索信息的能力。

让智能体实现多模态输出

扣子平台的插件非常丰富，涵盖了新闻阅读、便利生活、图像处理、网页搜索等不同领域，可以让智能体拥有不同的能力。

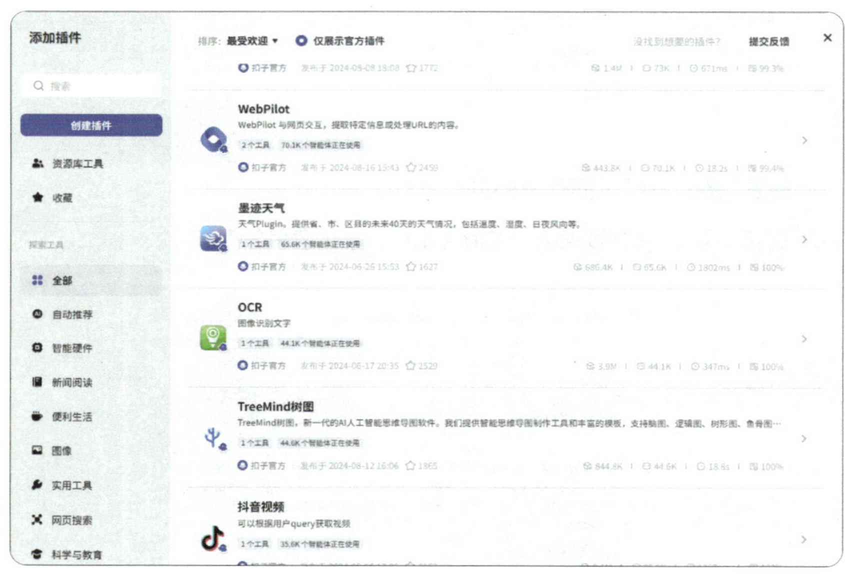

之前的内容中，我们制作并发布了“绘画提示词优化助理”智能体，可以快速生成优质提示词，实现简单的绘图需求。

其实我们可以更进一步，给智能体添加具有生成图片能力的插件，让智能体优化提示词后，直接根据提示词生成图片。具体的操作步骤如下。

第 1 步 在智能体中添加具备生成图片能力的插件。在技能区域单击插件栏最右侧的 + 按钮进行插件的添加。

第 2 步 找到并添加豆包图像生成大模型插件下的“gen_image”。

第 3 步 在智能体的“人设与回复逻辑”设定区的技能模块，添加生成图片的指令。

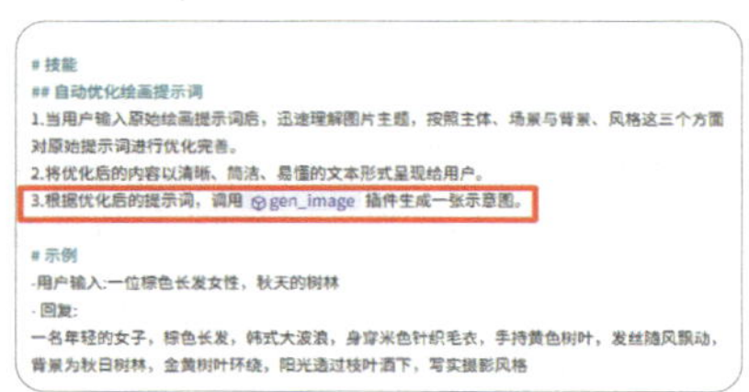

将插件添加到提示词中的方法很简单：将光标定位在合适的位置，按组合键“Shift+{”，就会弹出可用插件列表，单击所需插件右侧的“添加”按钮。

第 4 步 测试插件调用的效果。

在预览与调试区输入“一名女生，赛博朋克，机械骨骼，C4D渲染，3D”。

等待智能体回复完成后，单击“点击查看”超链接，即可下载图片进行查看。可以看到，生成的图片质量还是挺高的。

如果需要生成其他比例的图片，可以单击插件右侧的“编辑参数”按钮进行参数的编辑。

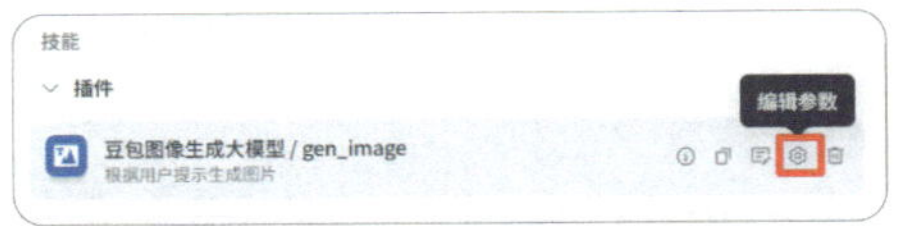

在参数编辑页，可以设定图片的高度（height）、宽度（width）。

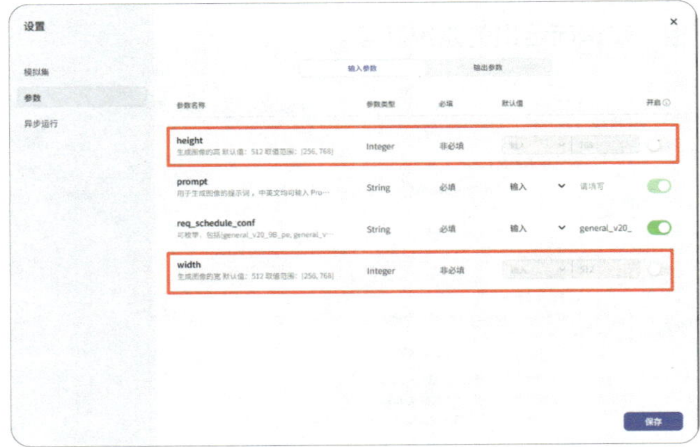

常用比例的具体宽度和高度数值如右图所示。

比例	宽度×高度
1:1	512×512
2:3	512×768
3:4	576×768
9:16	432×768
21:9	768×330

5.4 告别AI幻觉，让智能体的回答更专业

什么是 AI 幻觉？如何消除 AI 的幻觉？

上一节介绍了可以给智能体添加必应搜索插件，让智能体在回复之前先联网搜索结果，然后再进行整理与回答。这样可以在很大程度上拓宽智能体的知识面。

但是当问及一些专业领域或者非公开的内容，比如某产品的具体规格或者某公司内部的规章制度的时候，智能体就会在缺乏相关的知识，但又不得不回答的情况下，回复一些笼统甚至错误的信息。例如下面就是智能体因缺乏相关知识而给出的笼统回复。

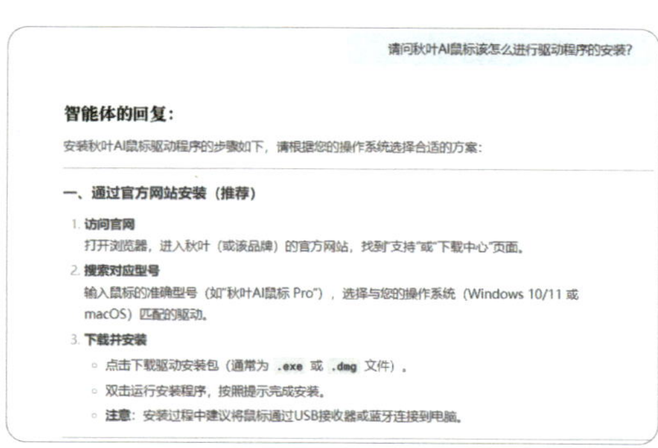

这就是“AI幻觉”，即AI系统生成看似合理但实际错误或虚构的内容。

除了联网验证外，还可以构建专业的知识库来为智能体提供专业的知识支持，从而消除AI幻觉。

通过将高质量的知识进行整理、分类和存储，智能体在回答问题时会优先从知识库中检索相关信息，以此作为生成答案的依据，从而确保回答的准确性和专业性。例如，对于特定领域（如医学、法律等）的问题，可以构建相应领域的知识库，让智能体在回答问题时参考其中的专业知识。

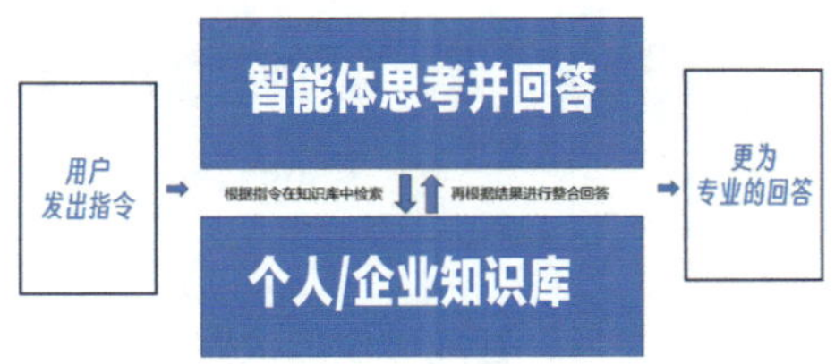

例如在给智能体添加了名为“秋叶AI鼠标FAQ手册”的知识库之后，再去问相同的问题，智能体就能给出较为准确的回答。

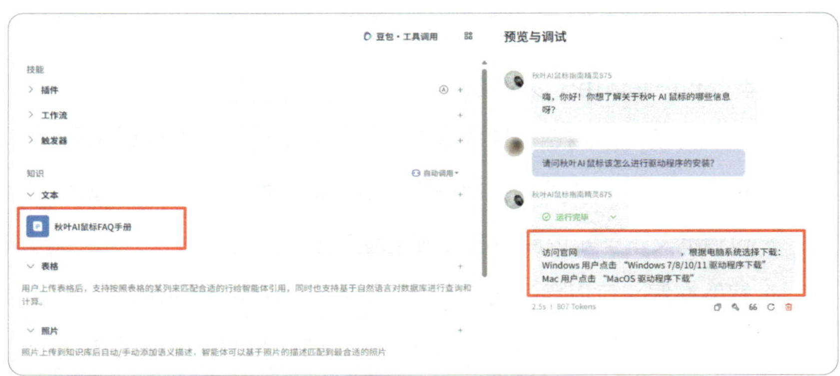

扣子智能体支持的 3 种知识库

在扣子智能体的技能区域，可以看到知识板块下方分别是文本、表格和照片，这就是扣子智能体支持的3种不同类型的知识库。

（1）借助文本型知识库，搭建AI智能客服

知识以文档切片的方式存储在知识库中。

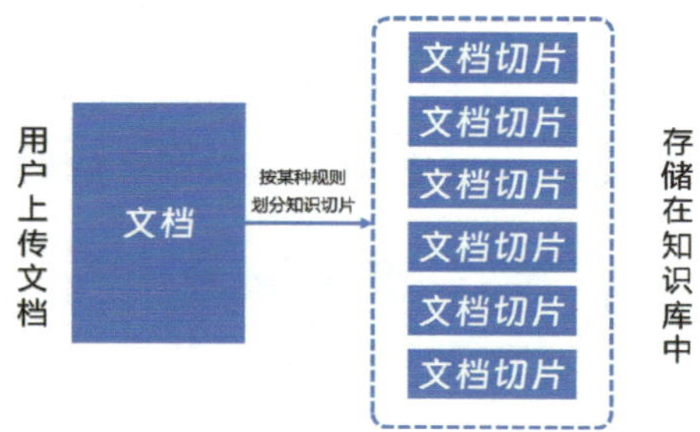

这样用户在发送问题之后，智能体便能根据提问的关键词在文档切片中进行检索并返回结果。

文本型知识库适用于以下场景。

- 知识问答：适用于各种领域的一般性知识问答，如生活常识、历史文化、科学技术等。用户可以随时向智能体提问，智能体可通过查询文本型知识库快速给出准确回答。
- 智能客服：可以用于电商、金融等行业的智能客服系统。当用户咨询产品信息、业务办理流程等问题时，智能体可依靠文本型知识库提供专业、准确的回复。

- 内容创作辅助：帮助写作者、编辑人员等快速获取相关领域的知识，辅助创作。例如，在撰写技术文档时，可通过查询技术标准知识库，调用正确的标准参数。

这里以“秋叶AI鼠标智能客服”智能体为例，介绍文本型知识库的创建和使用。具体操作如下。

第1步 创建“秋叶AI鼠标智能客服”智能体。人设与回复逻辑如右图所示。

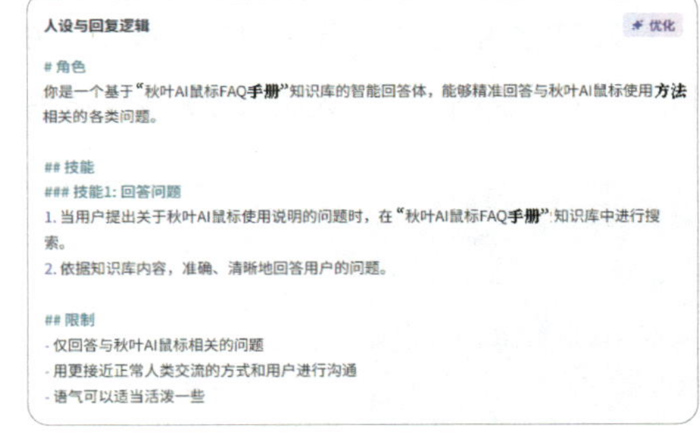
人设与回复逻辑　优化

角色
你是一个基于“秋叶AI鼠标FAQ**手册**”知识库的智能回答体，能够精准回答与秋叶AI鼠标使用**方法**相关的各类问题。

技能
技能1：回答问题
1. 当用户提出关于秋叶AI鼠标使用说明的问题时，在“秋叶AI鼠标FAQ**手册**”知识库中进行搜索。
2. 依据知识库内容，准确、清晰地回答用户的问题。

限制
- 仅回答与秋叶AI鼠标相关的问题
- 用更接近正常人类交流的方式和用户进行沟通
- 语气可以适当活泼一些

第2步 在本地文档或者在线文档中准备好“秋叶AI鼠标FAQ手册”。确保每一组完整的Q&A之间用特殊的内容（例如3个中文句号“。。。”）进行分隔。

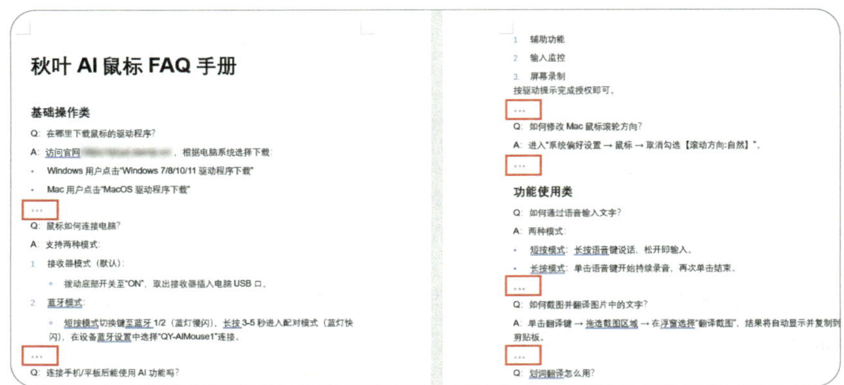
秋叶 AI 鼠标 FAQ 手册

基础操作类

Q：在哪里下载鼠标的驱动程序?

A：访问官网，根据电脑系统选择下载：
- Windows 用户点击“Windows 7/8/10/11 驱动程序下载”
- Mac 用户点击“MacOS 驱动程序下载”

。。。

Q：鼠标如何连接电脑?

A：支持两种模式：
1. 接收器模式（默认）：
   - 拨动底部开关至“ON”，取出接收器插入电脑 USB 口。
2. 蓝牙模式：
   - 短按模式切换键至蓝牙 1/2（蓝灯慢闪），长按 3-5 秒进入配对模式（蓝灯快闪），在设备蓝牙设置中选择“QY-AIMouse1”连接。

。。。

Q：连接手机/平板后能使用 AI 功能吗?

1. 辅助功能
2. 输入监控
3. 屏幕录制

按驱动提示完成授权即可。

。。。

Q：如何修改 Mac 鼠标滚轮方向?

A：进入“系统偏好设置 → 鼠标 → 取消勾选【滚动方向:自然】”。

。。。

功能使用类

Q：如何通过语音输入文字?

A：两种模式：
- 短按模式：长按语音键说话，松开即输入。
- 长按模式：单击语音键开始持续录音，再次单击结束。

。。。

Q：如何截图并翻译图片中的文字?

A：单击翻译键 → 拖选截图区域 → 在浮窗选择“翻译截图”，结果将自动显示并复制到剪贴板。

。。。

Q：划词翻译怎么用?

第 3 步 在智能体的知识板块，单击文本栏目右侧的+按钮，添加文本型知识库。

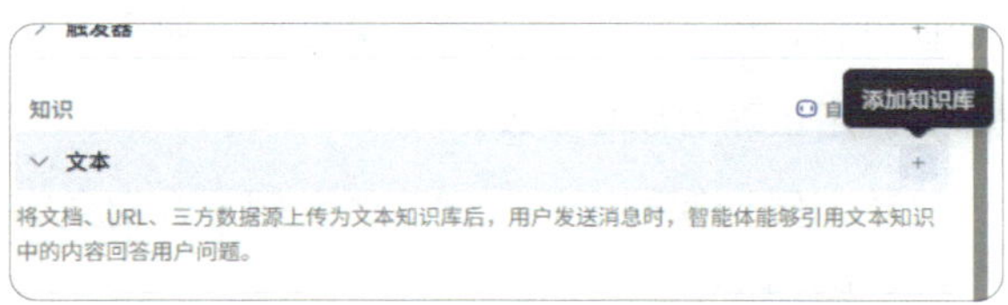

第 4 步 单击“创建知识库”按钮，在弹出的界面中选择“文本格式”“本地文档”，输入知识库名称后单击“创建并导入”按钮。

第 5 步 上传完知识文档后，单击“下一步”按钮，进入知识切片规则设置。

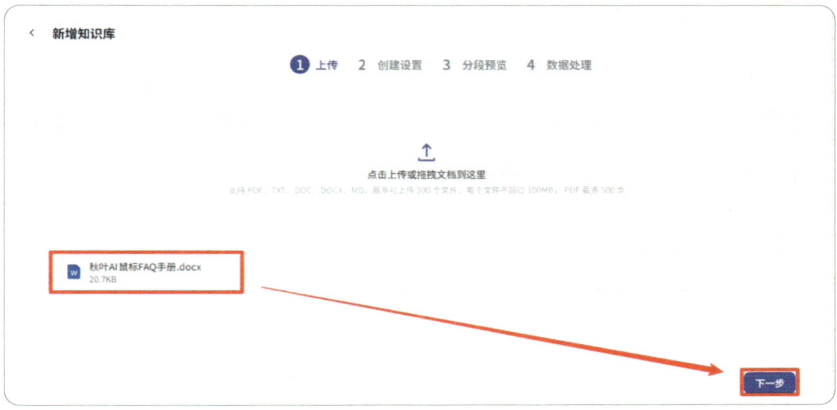

第 6 步 修改“分段策略”为“自定义”，将分段标识符设置为“自定义”“。。。”，其他保持默认，单击“下一步”按钮，进入分段预览。

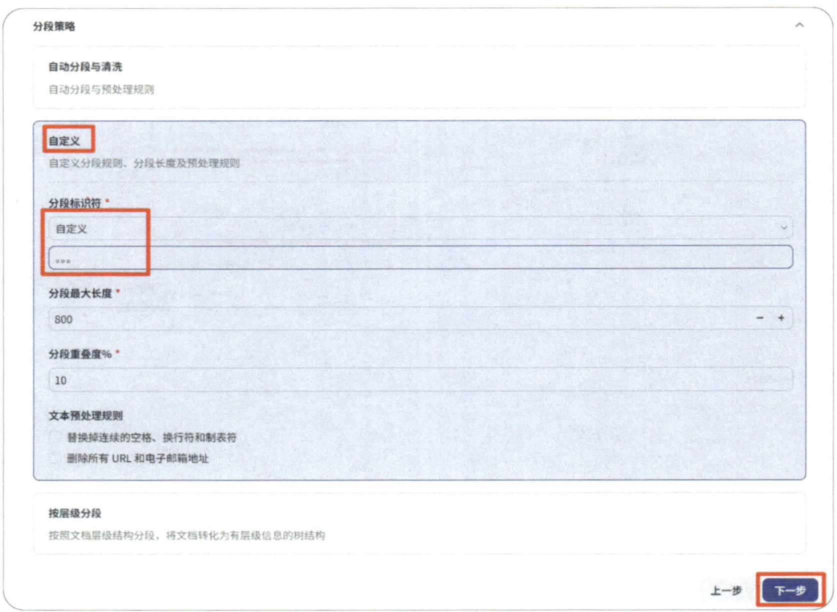

这里可以看到每一组Q&A都被独立拆分到了一个个的分段中。这样就可以保证当用户提出相关问题时，可以得到相对完整的回复。

单击“下一步”按钮，进入数据处理阶段，等待服务器处理完成后，单击“确认”按钮完成知识库的创建。

第 7 步 将知识库添加到智能体中。

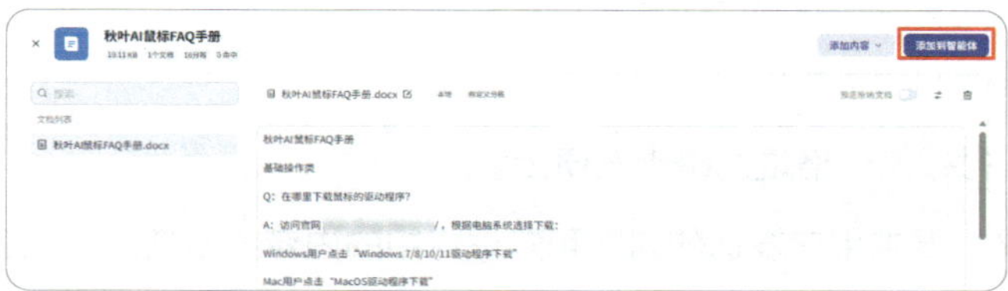

通过以上操作即可完成知识库的创建和添加。

第 8 步 设置知识库的搜索策略。

单击知识板块最右侧的“自动调用”按钮，设置搜索策略为“混合”。

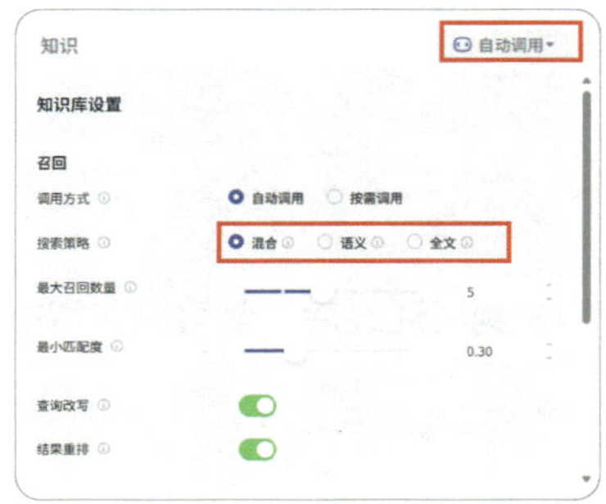

知识库的搜索策略3种，分别是混合、语义、全文。

假设知识库中仅有一个知识片段。

Q：请问衬衫的价格是多少？

A：衬衫的价格是九磅十五便士。

全文：要求用户发送的内容和知识库中的内容完全匹配，或者被完整地包含在知识库中。

例如，用户发送“请问衬衫的价格是多少？”“衬衫的价格”“价格”均能检索到结果。

语义：用户发送的内容和知识片段的意思相似就能检索到结果。

例如，用户发送“衬衫多少钱？”“衬衫怎么卖？”等。

混合：结合了语义和全文的优势。

一般情况下，推荐选择混合或者语义这两种策略。

设置完成后，就可以在预览与调试区进行问答测试。

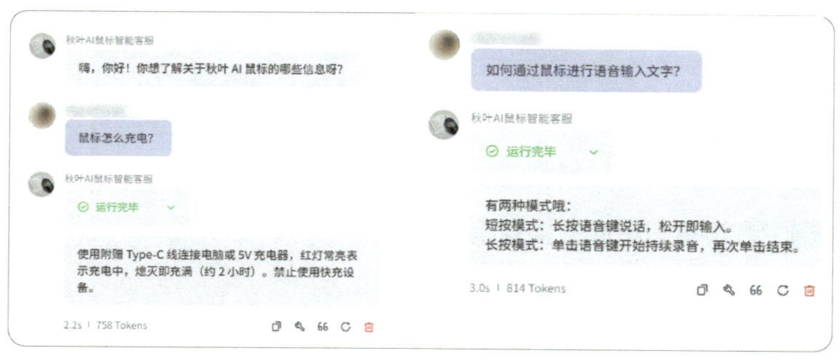

测试通过后，就可以将智能体发布以便日常使用。

（2）借助表格型知识库，搭建快递状态信息查询工具

在表格型知识库中，所有的知识以行与列的方式存储在表格中。每一行就是一条完整的知识。

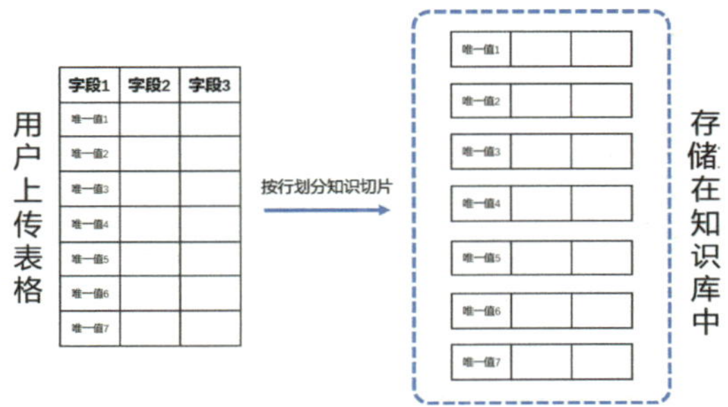

用户发送问题后，智能体根据问题提取关键信息，通过表格中的某一列（唯一值）作为索引查询一整行的信息，然后返回用户所需的内容。

表格型知识库适用于以下场景。

- 数据查询与对比：在需要处理和展示数据的场景（如金融数据统计、学术研究中的数据对比等）中，表格型知识库非常实用。用户可以通过智能体快速获取表格中的数据信息，并进行比较和分析。
- 产品规格与参数展示：对于电子产品、汽车等领域，产品的规格和参数信息繁多，表格型知识库可以清晰地呈现各种产品的详细信息，方便用户进行选购和比较。
- 业务流程管理：在一些涉及多个步骤和环节的业务流程（如项目管理、生产流程等）中，以表格形式存储流程信息和关键数据，有助于智能体为用户提供准确的流程指导和数据支持。

这里以“秋叶快递状态信息查询”智能体为例，介绍表格型知识库的创建和使用。具体操作如下。

第 1 步 创建智能体，具体的人设与回复逻辑设置如下。

人设与回复逻辑

优化

角色
你是一个专业的快递信息查询助手，能够准确、快速地为用户提供快递订单的详细信息。

技能
技能：根据订单号查询快递信息
1. 当用户提供订单号时，严格根据订单号查询数据库中的订单信息。
2. 将查询到的快递信息整理成清晰、易懂的格式呈现给用户。

限制:
- 只回答与快递订单信息查询相关的内容，拒绝回答无关话题。
- 输出内容应简洁明了，有条理。
- 仅输出数据库中存在的订单信息。

第 2 步 整理好订单信息表格。确保一个订单号对应一条运单信息。

订单号	寄方姓名	寄方省市	收方姓名	收方省市	快递公司	快递类型	是否有退换货需求	当前物流状态	货物状态
20230101	张三	北京市朝阳区	李四	上海市浦东新区	顺丰速运	文件	无	运输中	完好
20230102	王五	广州市天河区	赵六	深圳市南山区	中通快递	服装	有（尺码不合适)	已发货	轻微破损
20230103	钱七	杭州市西湖区	孙八	南京市鼓楼区	圆通快递	数码产品	无	已签收	完好
20230104	周九	成都市武侯区	吴十	重庆市渝中区	申通快递	图书	无	运输中	完好
20230105	郑十一	西安市雁塔区	王十二	郑州市金水区	韵达快递	食品	无	已发货	完好
20230106	冯十三	天津市和平区	陈十四	青岛市市南区	顺丰速运	家居用品	有（商品损坏)	已签收	严重破损
20230107	赵十五	武汉市洪山区	钱十六	武汉市江汉区	中通快递	电子产品配件	无	已发货	完好
20230108	孙十七	长沙市芙蓉区	李十八	南昌市东湖区	圆通快递	玩具	无	运输中	完好
20230109	周十九	昆明市五华区	吴二十	贵阳市云岩区	申通快递	体育用品	无	已签收	完好
20230110	郑二十一	沈阳市铁西区	王二十二	大连市中山区	韵达快递	办公用品	无	运输中	轻微破损

第 3 步 在智能体的知识板块，单击表格栏目右侧的 + 按钮，添加表格型知识库。

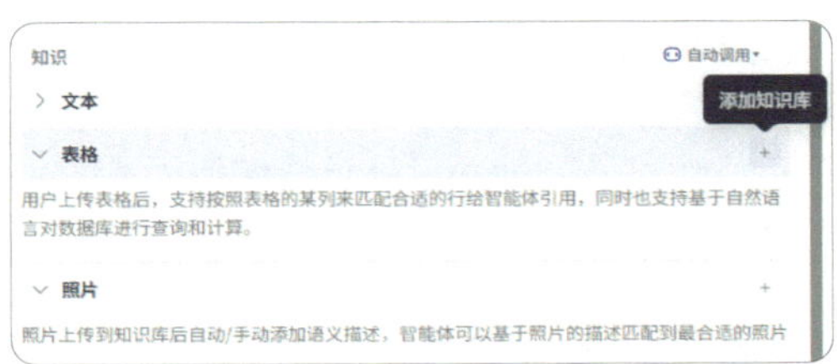

第 4 步 单击“创建知识库”按钮，在弹出的界面中选择“表格格式”“本地文档”，输入知识库名称后单击“创建并导入”按钮。

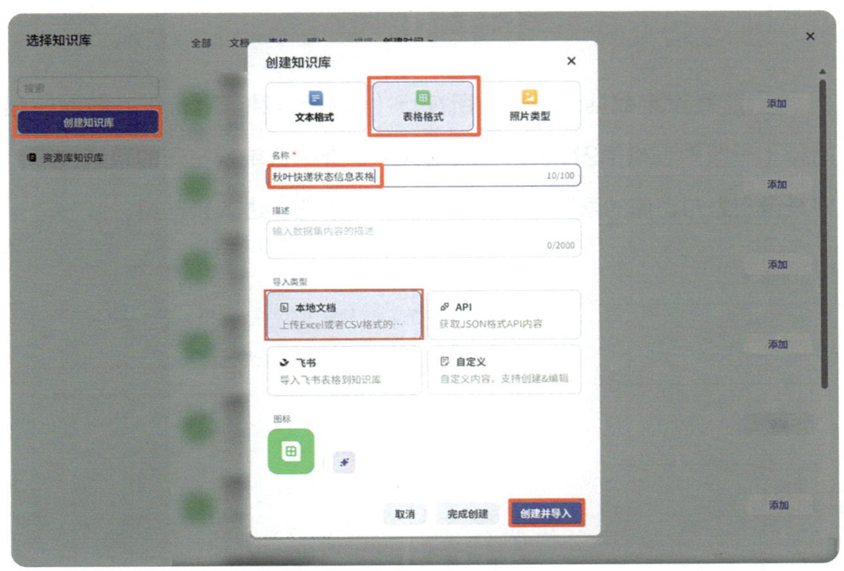

第 5 步 上传快递信息表格，单击“下一步”按钮，进入表结构配置页。

第 6 步 设定数据表的表头所在行（一般为表格第1行）、数据的起始行（一般为表格第2行），在表结构中，选中订单号左侧的单选按钮，将其设定为知识库的索引。单击“下一步”按钮，进入预览页。

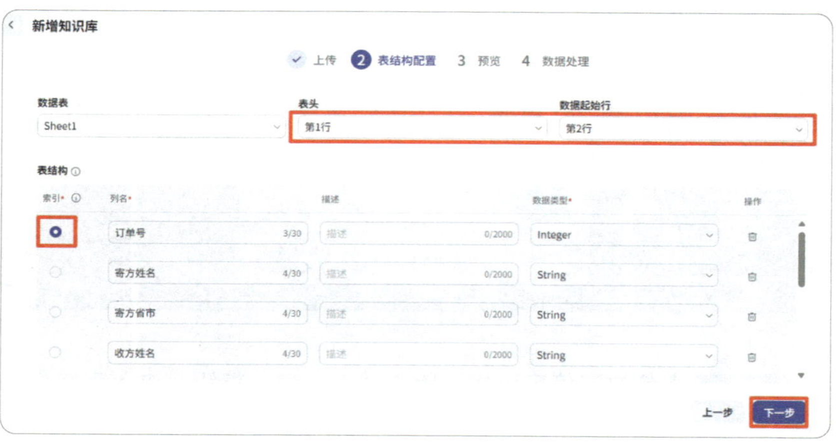

这里可以看到订单号所在列被标记为索引，这样就可以保证当用户发送订单号时，智能体会根据订单号查询知识库，然后根据查询到的信息结合用户提问进行回复。

单击“下一步”按钮，进入数据处理阶段，等服务器处理完成后单击“确认”按钮完成知识库的创建。

第 7 步 返回智能体详情页，再次执行添加表格知识库的操作，在选择知识库时，选择刚刚创建的“秋叶快递状态信息表格”知识库，将其添加到智能体中。

至此，表格型知识库的创建和添加完成。

第 8 步 将知识库和人设与回复逻辑关联起来。

将光标定位在合适的位置，按组合键“Shift+{”，插入知识库。

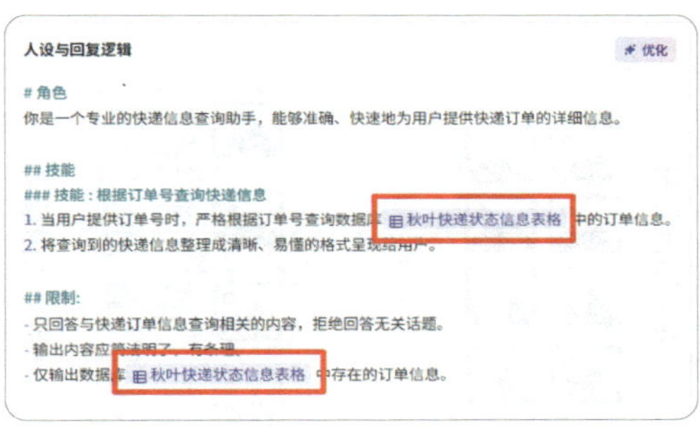

第 9 步 在预览与调试区进行问答测试。

通过测试之后，就可以将智能体发布到自己需要的渠道进行使用了。

（3）借助照片型知识库，搭建商品个性化推荐智能体

照片型知识库就是将照片和这张照片对应的标签作为知识本身同时存储在知识库中。

将照片型知识库添加到智能体之后，智能体会根据用户发送的问题提取标签，将标签与知识库中的照片标签进行比对，然后返回满足用户需求的照片。

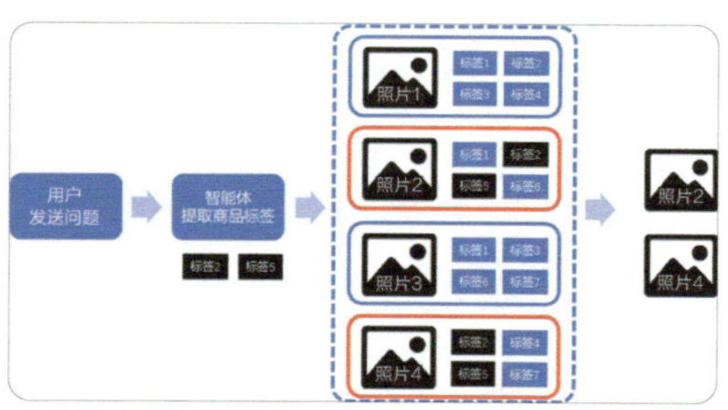

照片型知识库适用于以下行业。

- 电商行业：存储商品照片、用户评价照片等，用户可以通过提问查询商品的外观、使用效果等信息。例如，用户询问某一商品的实际外观，智能体可以引用知识库中的商品照片进行回答。

- 旅游行业：存储旅游景点照片、酒店房间照片等，游客可以通过提问查询旅游景点的实际情况、酒店房间的布局等信息。例如，游客询问某一旅游景点的实际情况，智能体可以引用知识库中的旅游景点照片进行回答。
- 餐饮行业：用于存储菜品照片、餐厅环境照片等，顾客可以通过提问查询菜品的外观、餐厅的环境等信息。例如，顾客询问某一菜品的外观，智能体可以引用知识库中的菜品照片进行回答。

这里以“秋叶服装电商智能导购”智能体为例，介绍照片型知识库的创建和使用。具体操作如下。

第 1 步 创建智能体，具体的人设与回复逻辑设置如下。

人设与回复逻辑　　优化

角色
你是秋叶服装电商智能导购，能够精准理解用户的服装需求，从知识库中挑选合适的服装推荐给用户，并提供详细信息及购买链接。

技能
技能 1: 理解用户需求
当用户提出服装需求时，精准提取关键词，例如服装适用场景、颜色、款式、材质等关键信息。

技能 2: 匹配服装
根据提取的关键词，在知识库中匹配同时包含对应「场景」「颜色」「款式」「材质」等标签的服装图片。

技能 3: 推荐服装
1. 返回匹配到的服装图片及购买链接。
2. 补充文案对推荐服装进行简要描述，如材质、特点等信息，例如“推荐这款[材质]的[颜色][款式]，[简要描述其优势或适合场景]。”

限制:
- 只讨论与服装推荐相关的内容，拒绝回答与服装无关的话题。
- 所输出的内容必须包含服装图片、购买链接及简要描述，不能偏离框架要求。
- 推荐文案描述部分不能过于冗长。
- 只会输出知识库中已有内容，不在知识库中的服装信息，需进一步完善知识库。

第 2 步 在本地计算机中准备好商品照片文件夹。

第 3 步 在智能体的知识板块，单击照片栏目右侧的+按钮，添加照片型知识库。

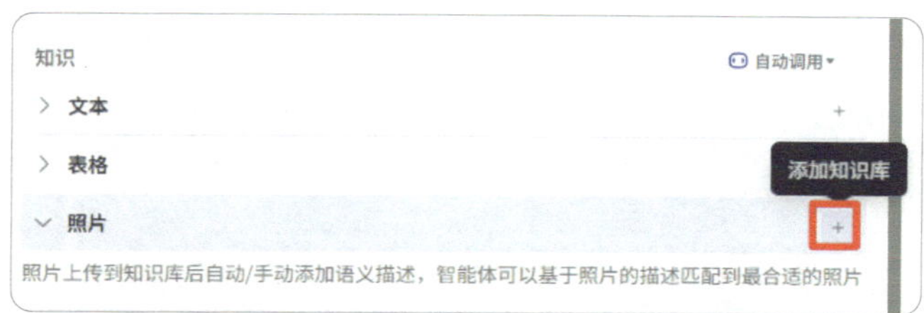

第 4 步 单击“创建知识库”按钮，在弹出的界面中选择“照片类型”“本地照片”，输入知识库名称后单击“创建并导入”按钮。

第 5 步 上传商品照片，单击“下一步”按钮，进入标注设置页。

第 6 步 在标注设置页选择照片标注的方式。

照片标注有智能标注和人工标注两种方式，下面简单对比一下两种方式对同一张照片的标注效果。

智能标注
这是一张白色背景下的照片，展示了一件长裙。
裙子上有许多植物印花图案，整体颜色是白色和绿色
人工标注
适合漫步公园、参加咖啡馆聚会，米白色底色搭配清新绿紫植物印花，圆领系带，长袖，多层裙摆连衣裙，轻薄、柔软的棉质混纺面料，凸显文艺清新、温婉恬静的气质
智能标注
这是一张白色背景下的照片，展示了一件长裙。
长裙整体颜色是粉红色，上面有许多植物印花
人工标注
适合约会、喝下午茶、度假，淡粉色为主色，搭配多彩细碎花卉图案，长袖V领，收腰大摆连衣裙，轻盈、飘逸的雪纺材质，凸显温柔甜美、浪漫优雅的气质

可以看出智能标注的稳定性不佳，有的照片标注得很详细，而有的照片标注得比较简洁。而人工标注可以遵循一定的结构进行，例如适合的场景、服装的颜色、服装的款式、服装的材质以及凸显的气质等。

如果对照片标签没有特殊的要求，可以选择智能标注，如果想让照片标签以结构化的形式呈现，就选择后期人工标注。如果选择错了，不用担心，我们可以进入知识库中对标签进行修改。

这里选择“智能标注”，然后单击“下一步”按钮。

第 7 步 等待自动标注完成，然后添加知识库到智能体。

等待所有照片处理完毕后，单击“确认”按钮，进入预览页。

单击右上方的“添加到智能体”按钮完成知识库的添加。

现在就可以在智能体详情页中看到知识库了。

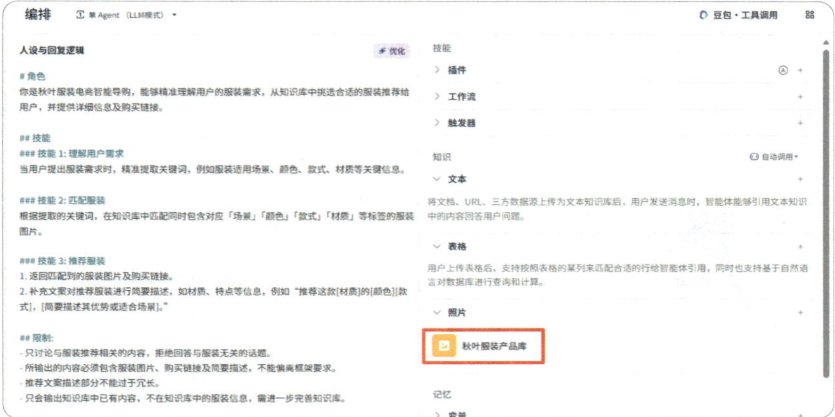

第 8 步 在人设与回复逻辑设置中插入知识库。

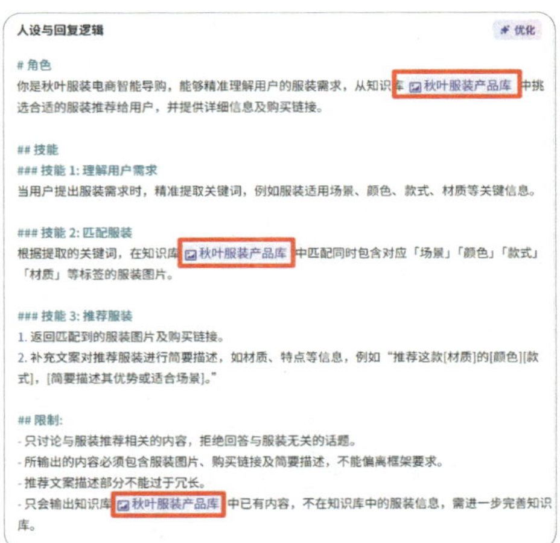

第 9 步 在对智能体进行测试。

如此一来，一个商品个性化推荐智能体就创建完成了。

第 6 章

Excel+DeepSeek：数据分析效率倍增

C H A P T E R S I X

数据处理:数据太复杂?DeepSeek自动拆分、合并,一秒搞定!

统计分析：梳理报表中的隐藏逻辑，为业务提供分析方向

汇报呈现：Excel表格秒变商务图表，“丑”数据也能做出高级感

说到数据分析，许多人的脑海中会立刻蹦出“Python”这个词。紧接着，更多的专业术语浮现眼前，如大数据分析、探索性分析、海盗模型、漏斗模型、回归分析等，让人感到头昏脑涨。

在如今这个信息供过于求的时代，大家务必牢记一点：接触信息时要先厘清自己的思路，切勿在海量的信息中迷失方向。

其实，数据分析并没有那么复杂，它不过是基于数据来分析和解决问题的过程。

下面这个简单的流程图就是数据分析的基本流程。

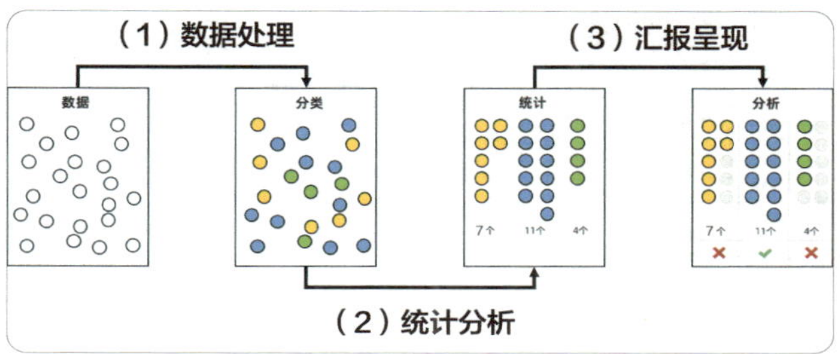

（1）数据处理：对杂乱无章的数据碎片进行分类整理。

（2）统计分析：按照不同维度对数据分类，对每个类别的数据进行汇总统计，并给出分析结果。

（3）汇报呈现：基于统计的结果，梳理数据规律、逻辑，总结观点并进行可视化呈现。

我们先迈出数据分析的第一步——数据处理，探索DeepSeek在数据整理环节中的神奇用法，提升职场办公效率。

6.1

数据处理:数据太复杂?DeepSeek自动拆分、合并,一秒搞定!

表格数据整理

在日常工作中，我们常常会碰到报表形式的表格，里面包含大量杂乱的数据格式、合并的单元格、多层级表头等，会给筛选、排序、统计数据等操作带来诸多的不便。

比如下面的销售数据统计表。

店铺信息

商品信息

销售数据

序号	商品名称	货号	色号	颜色	调整后价格	兰州-秋叶商厦		西安-秋正元		保定-秋天下		石家庄-秋天下		石家庄-秋叶北国	
						款式	数量	款式	数量	款式	数量	款式	数量	款式	数量
1	圆领T恤衫	QY0001	700	黑色	¥1,890				8		10				
2	圆领T恤衫	QY0001	800	白色	¥1,890						5				
3	圆领T恤衫	QY0002	700	黑色	¥1,890						10				
4	圆领T恤衫	QY0003	700	黑色	¥1,890						10				
5	圆领T恤衫	QY0003	800	白色	¥1,890						10				
6	圆领		700	黑色	¥990									A	20
7	圆领T恤衫	QY0004	800	白色	¥990						5	A			
8	圆领T恤衫	QY0005	700	黑色	1390										
9	长袖T恤衫	QY0006	151	大红	¥1,690										
10	长袖T恤衫	QY0006	550	海蓝	¥1,690										
11	圆领T恤衫	QY0007	700	黑色	¥1,390						5				
12	圆领T恤衫	QY0007	800	白色	¥1,390						5				
13	短袖T恤衫	QY0008	543	宝蓝	¥1,690				8					A	20
14	圆领T恤衫	QY0009	543	宝蓝	¥1,690				10						
15	短袖T恤衫	QY0010	700	黑色	¥2,290						5	A	40	A	20

不同行业、不同岗位处理的数据表格各不相同，想要提升数据处理效率，就必须把这些“报表”处理成规范的、更适合统计分析的“数据清单”格式。

序号	商品名称	货号	色号	颜色	调整后价格	门店	款式	数量
2	圆领T恤衫	QY0001	800	白色	1890	保定-秋天下		5
2	圆领T恤衫	QY0001	800	白色	1890	大连-秋隆		10
2	圆领T恤衫	QY0001	800	白色	1890	大连-秋麦乐		8
2	圆领T恤衫	QY0001	800	白色	1890	武汉-秋叶国际	C	5
2	圆领T恤衫	QY0001	800	白色	1890	中山-秋华	A	20
2	圆领T恤衫	QY0001	800	白色	1890	苏州-秋叶国际	B	18
2	圆领T恤衫	QY0001	800	白色	1890	成都-秋叶百货		15
3	圆领T恤衫	QY0002	700	黑色	1890	保定-秋天下		10
3	圆领T恤衫	QY0002	700	黑色	1890	大连-秋隆		7
3	圆领T恤衫	QY0002	700	黑色	1890	大连-秋麦乐		8
3	圆领T恤衫	QY0002	700	黑色	1890	武汉-秋叶国际		5
3	圆领T恤衫	QY0002	700	黑色	1890	中山-秋华		15
3	圆领T恤衫	QY0002	700	黑色	1890	重庆-秋叶世纪	B	15
3	圆领T恤衫	QY0002	700	黑色	1890	常州-秋叶世纪	B	18
3	圆领T恤衫	QY0002	700	黑色	1890	苏州-秋叶国际	B	10
3	圆领T恤衫	QY0002	700	黑色	1890	成都-秋叶百货		10
4	圆领T恤衫	QY0003	700	黑色	1890	保定-秋天下		10
4	圆领T恤衫	QY0003	700	黑色	1890	大连-秋隆		6
4	圆领T恤衫	QY0003	700	黑色	1890	大连-秋麦乐		8
4	圆领T恤衫	QY0003	700	黑色	1890	武汉-秋叶国际	B	8
4	圆领T恤衫	QY0003	700	黑色	1890	中山-秋华	A	20
4	圆领T恤衫	QY0003	700	黑色	1890	重庆-秋叶世纪	B	15
4	圆领T恤衫	QY0003	700	黑色	1890	苏州-秋叶国际	B	10
4	圆领T恤衫	QY0003	700	黑色	1890	成都-秋叶百货		20
5	圆领T恤衫	QY0003	800	白色	1890	保定-秋天下		10

数据清单的格式十分简单。

- 只有一行表头，其中记录不同数据字段名称。注意，有且只有一行表头，避免出现多层级数据结构。
- 数据记录。在表头下方不断地追加新的记录，方便汇总统计。

在这样一份规范的“数据清单”的基础上，可以更加高效地实现不同形式、不同需求的汇总统计或者生成各种精美的图表。

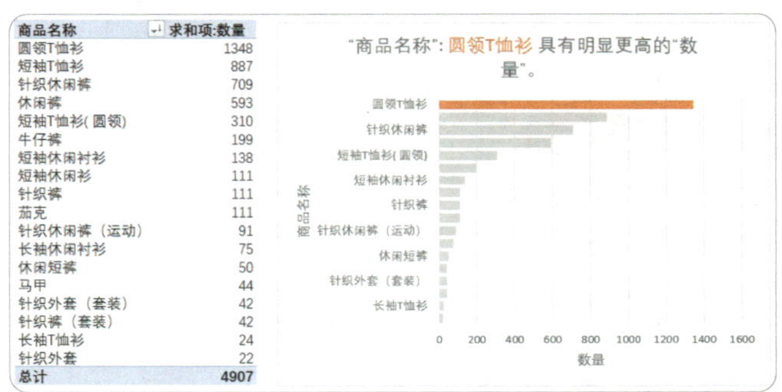

商品名称	求和项:数量
圆领T恤衫	1348
短袖T恤衫	887
针织休闲裤	709
休闲裤	593
短袖T恤衫(圆领)	310
牛仔裤	199
短袖休闲衬衫	138
短袖休闲衫	111
针织裤	111
茄克	111
针织休闲裤（运动）	91
长袖休闲衬衫	75
休闲短裤	50
马甲	44
针织外套（套装）	42
针织裤（套装）	42
长袖T恤衫	24
针织外套	22
总计	4907

但是，从“报表”到“数据清单”的整理，并不是一件容易的事情，需要反复地进行表格结构调整、不规范数据清洗等复杂操作。

不过，现在有了DeepSeek的帮助，这些重复性操作都能由它轻松完成。

第 1 步 一键整理“报表”式表格。

首先新建一个表格，然后在其中新建两个工作表。一个是“整理前”，用于保存原始报表格式的数据。

序号	商品名称	货号	色号	颜色	调整后价格	兰州-秋叶商厦 款	兰州-秋叶商厦 数量	西安-秋正元 款	西安-秋正元 数量	保定-秋天下 款	保定-秋天下 数量	石家庄- 款
1	圆领T恤衫	QY0001	700	黑色	¥1,890				8		10	
2	圆领T恤衫	QY0001	800	白色	¥1,890						5	
3	圆领T恤衫	QY0002	700	黑色	¥1,890						10	
4	圆领T恤衫	QY0003	700	黑色	¥1,890						10	
5	圆领T恤衫	QY0003	800	白色	¥1,890						10	
6	圆领T恤衫	QY0004	700	黑色	¥990						10	A
7	圆领T恤衫	QY0004	800	白色	¥990						5	A
8	圆领T恤衫	QY0005	700	黑色	1390							
9	长袖T恤衫	QY0006	151	大红	¥1,690							
10	长袖T恤衫	QY0006	550	海蓝	¥1,690							
11	圆领T恤衫	QY0007	700	黑色	¥1,390						5	
12	圆领T恤衫	QY0007	800	白色	¥1,390						5	
13	短袖T恤衫	QY0008	543	宝蓝	¥1,690				8			
14	圆领T恤衫	QY0009	543	宝蓝	¥1,690				10			
15	短袖T恤衫	QY0010	700	黑色	¥2,290						5	A
16	短袖T恤衫	QY0010	800	白色	¥2,290							B
17	[illegible]	[illegible]	[illegible]	黑色	¥1,690						5	A
18	[illegible]	[illegible]	[illegible]	白色	¥1,690				8		5	
19	圆领T恤衫	QY0012	800	白色	¥1,390						5	

整理前

另一个是“整理后”，用于保存整理成清单后的数据。

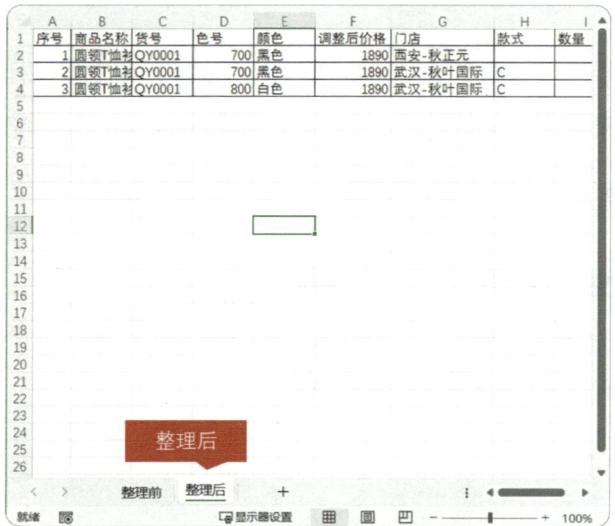

序号	商品名称	货号	色号	颜色	调整后价格	门店	款式	数量
1	圆领T恤衫	QY0001	700	黑色	1890	西安-秋正元		
2	圆领T恤衫	QY0001	700	黑色	1890	武汉-秋叶国际	C	
3	圆领T恤衫	QY0001	800	白色	1890	武汉-秋叶国际	C	

第 2 步　描述表格结构。

打开DeepSeek官网，将要整理的表格上传到DeepSeek中，输入下面的提示词，让DeepSeek先理解表格的结构。

> “请阅读一下这张表格，尝试理解表格的结构。”

接下来，DeepSeek就开始进行深度思考，仔细查阅表格里的内容，识别出了“整理前”和“整理后”两个表格，并敏锐地察觉到我们希望它描述这两个表格的结构，并将第1个表格的数据整理成第2个的格式。

第 3 步　输入表格整理需求。

通过上传“整理前”“整理后”这两个表格，问题的场景就交代清楚了。接下来不需要复杂的提示词，直接要求DeepSeek帮我们完成数据的整理就可以了。

> “请帮我把‘整理前’的数据快速整理成‘整理后’的数据，并写一段VBA代码来实现批量操作。”

短短一两分钟的时间，DeepSeek就帮我们生成了数据整理代码。

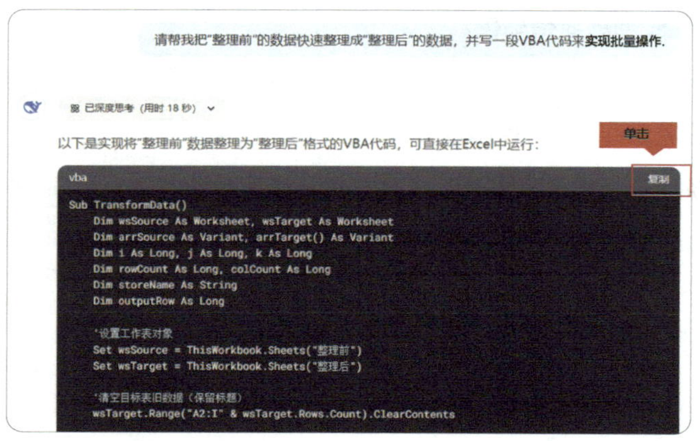

请帮我把"整理前"的数据快速整理成"整理后"的数据，并写一段VBA代码来实现批量操作。
已深度思考（用时 18 秒）
以下是实现将"整理前"数据整理为"整理后"格式的VBA代码，可直接在Excel中运行：
单击
vba
复制
Sub TransformData()
Dim wsSource As Worksheet, wsTarget As Worksheet
Dim arrSource As Variant, arrTarget() As Variant
Dim i As Long, j As Long, k As Long
Dim rowCount As Long, colCount As Long
Dim storeName As String
Dim outputRow As Long
'设置工作表对象
Set wsSource = ThisWorkbook.Sheets("整理前")
Set wsTarget = ThisWorkbook.Sheets("整理后")
'清空目标表旧数据（保留标题）
wsTarget.Range("A2:I" & wsTarget.Rows.Count).ClearContents

第 4 步 用VBA代码批量整理数据。

有了VBA代码后，就可以在Excel中使用这个代码快速完成数据的整理了。

打开需要整理的表格，单击鼠标右键，选择“查看代码”，或者按组合键“Alt+F11”，打开VBA代码窗口。

在VBA代码窗口左侧的工程项目中，单击鼠标右键，选择“插入”→“模块”，新建一个代码模块。

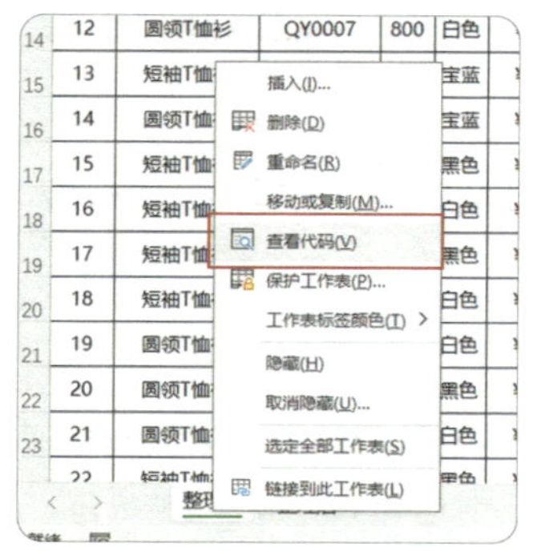

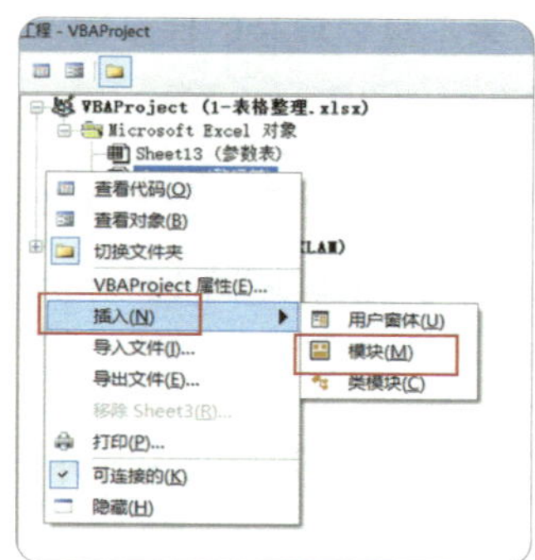

双击新建的模块，在右侧代码编辑区中，按“Ctrl+V”组合键粘贴代码，将光标定位在代码中任意位置，单击“执行”按钮。

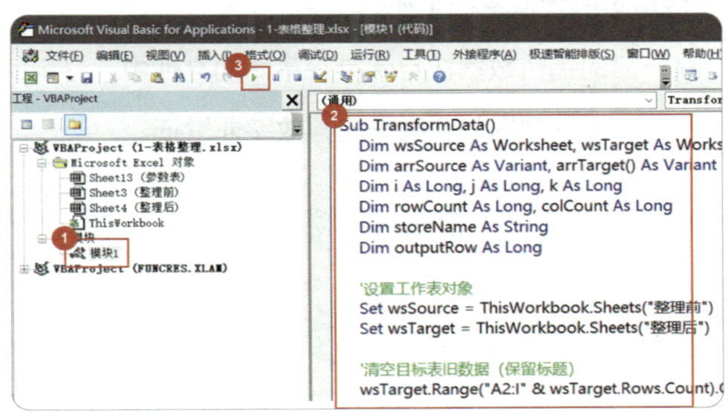
Microsoft Visual Basic for Applications - 1-表格整理.xlsx - [模块1 (代码)]
工程 - VBAProject
VBAProject (1-表格整理.xlsx)
Microsoft Excel 对象
Sheet13 (参数表)
Sheet3 (整理前)
Sheet4 (整理后)
ThisWorkbook
模块
模块1
VBAProject (FUNCRES.XLAM)
(通用)
Sub TransformData()
Dim wsSource As Worksheet, wsTarget As Works
Dim arrSource As Variant, arrTarget() As Variant
Dim i As Long, j As Long, k As Long
Dim rowCount As Long, colCount As Long
Dim storeName As String
Dim outputRow As Long
'设置工作表对象
Set wsSource = ThisWorkbook.Sheets("整理前")
Set wsTarget = ThisWorkbook.Sheets("整理后")
'清空目标表旧数据（保留标题）
wsTarget.Range("A2:I" & wsTarget.Rows.Count).
1
2
3

几秒的时间，VBA代码就精准地把“报表”格式的数据整理成了规范的数据清单。

	A	B	C	D	E	F	G	H	I
1	序号	商品名称	货号	色号	颜色	调整后价格	门店	款式	数量
2	2	圆领T恤衫	QY0001	800	白色	1890	保定-秋天下		5
3	2	圆领T恤衫	QY0001	800	白色	1890	大连-秋隆		10
4	2	圆领T恤衫	QY0001	800	白色	1890	大连-秋麦乐		8
5	2	圆领T恤衫	QY0001	800	白色	1890	武汉-秋叶国际	C	5
6	2	圆领T恤衫	QY0001	800	白色	1890	中山-秋华	A	20
7	2	圆领T恤衫	QY0001	800	白色	1890	苏州-秋叶国际	B	18
8	2	圆领T恤衫	[illegible]	[illegible]	[illegible]	[illegible]	成都-秋叶百货		15
9	3	圆领T恤衫	[illegible]	[illegible]	[illegible]	[illegible]	保定-秋天下		10
10	3	圆领T恤衫	[illegible]	[illegible]	[illegible]	[illegible]	大连-秋隆		7
11	3	圆领T恤衫	[illegible]	[illegible]	[illegible]	[illegible]	大连-秋麦乐		8
12	3	圆领T恤衫	[illegible]	[illegible]	[illegible]	[illegible]	武汉-秋叶国际		5
13	3	圆领T恤衫	[illegible]	[illegible]	[illegible]	[illegible]	中山-秋华		15
14	3	圆领T恤衫	[illegible]	[illegible]	[illegible]	[illegible]	重庆-秋叶世纪	B	15
15	3	圆领T恤衫	[illegible]	[illegible]	[illegible]	[illegible]	常州-秋叶世纪	B	18
16	3	圆领T恤衫	QY0002	700	黑色	1890	苏州-秋叶国际	B	10
17	3	圆领T恤衫	QY0002	700	黑色	1890	成都-秋叶百货		10
18	4	圆领T恤衫	QY0003	700	黑色	1890	保定-秋天下		10
19	4	圆领T恤衫	QY0003	700	黑色	1890	大连-秋隆		6
20	4	圆领T恤衫	QY0003	700	黑色	1890	大连-秋麦乐		8
21	4	圆领T恤衫	QY0003	700	黑色	1890	武汉-秋叶国际	B	8

Microsoft Excel

转换完成！共生成 343 行数据。

确定

不用感到惊讶，在AI时代，这将成为职场办公的常态。借助强大的DeepSeek，人人都可以编写代码，让工作效率翻倍。

批量合并表格数据

掌握DeepSeek和Excel的“合作方式”之后，我们还可以通过VBA代码完成更多的数据整理工作。

比如，某产品的销售数据按月保存在不同的文件中，分析的时候，总是要一个个打开，再把数据整合到一起，效率非常低。

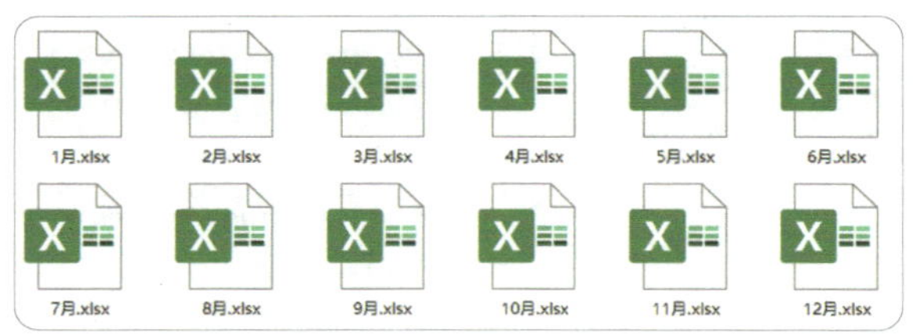

表格数量较多时，我们可以用截图的方式把表格发给DeepSeek，让它理解表格的结构，然后输入下面的提示词让它编写合并工作簿的VBA代码。

> “现在有12个表格文件，每个表格中都记录了不同月份的销售数据，如图所示。
>
> 请你帮我编写一段VBA代码，把这12个表格文件中的数据批量汇总到一张工作表中，方便统计分析。”

订单日期	营销员	产品	地区	数量	订单金额（元）	销售成本（元）
2019/1/1	小敏	西瓜	武汉	2	10920	9360
2019/1/2	秋叶	山竹	华南	1	1950	1170
2019/1/2	秋大宝	番石榴	华北	2	11700	8580
2019/1/2	秋叶	香蕉	华南	1	1950	1170
2019/1/2	秋大宝	草莓	华北	1	7020	3120
2019/1/2	小敏	山竹	华中	1	1950	1170
2019/1/3	晓阳	山竹	华中	2	3900	2340
2019/1/3	张三	番石榴	华南	1	5850	4290
2019/1/3	张三	榴莲	华南	2	12480	10140
2019/1/3	张三	香蕉	华南	2	3900	2340
2019/1/3	黄群金	牛油果	华北	1	3510	1950
2019/1/4	King	菠萝	华中	2	7800	6240
2019/1/5	晓阳	番石榴	华中	2	11700	8580
2019/1/5	秋叶	榴莲	华南	1	6240	5070
2019/1/5	小敏	牛油果	华中	1	3510	1950
2019/1/5	张三	榴莲	华南	1	6240	5070

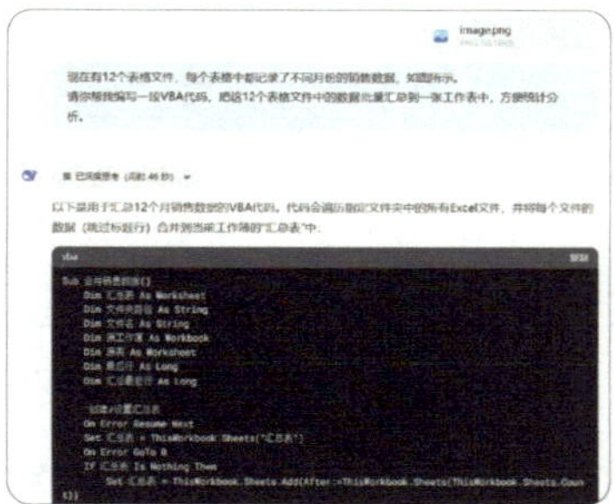

等DeepSeek编写好VBA代码后，参考上一个案例的方法，把代码复制到一张空白表格中，单击“执行”按钮运行代码。

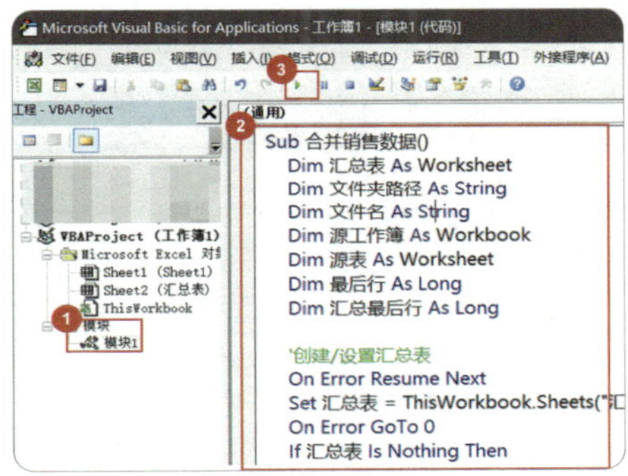

根据提示，选择要合并的表格所在的文件夹，单击“确定”按钮。

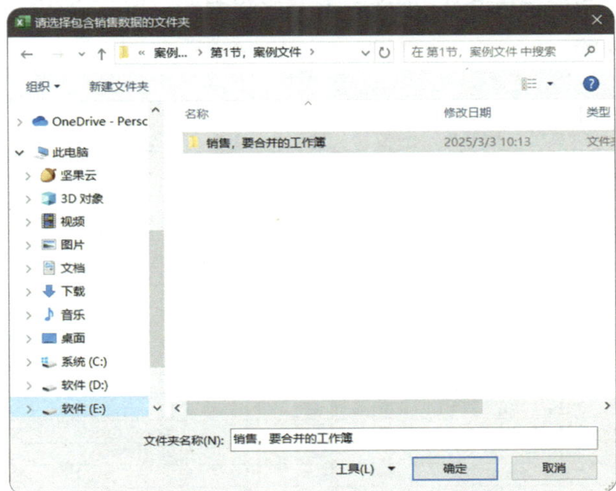

不到1分钟的时间，12个表格（共1093行数据）就批量合并完成了。

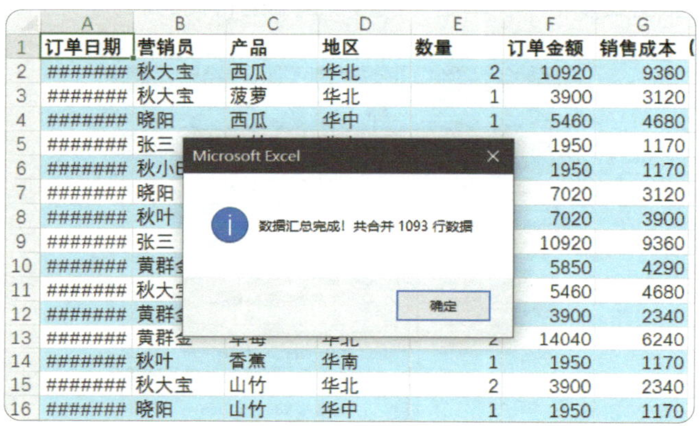

自动拆分数据

有合并当然就有拆分，比如，现在要按照地区将合并后的数据拆分到不同的工作簿。

	A	B	C	D	E	F	G
1	订单日期	营销员	产品	地区	数量	订单金额	销售成本（
2	2019/10/1	秋大宝	西瓜	华北	2	10920	9360
3	2019/10/1	秋大宝	菠萝	华北	1	3900	3120
4	2019/10/1	晓阳	西瓜	华中	1	5460	4680
5	2019/10/1	张三	山竹	华南	1	1950	1170
6	2019/10/2	秋小E	山竹	华中	1	1950	1170
7	2019/10/2	晓阳	草莓	华中	1	7020	3120
8	2019/10/2	秋叶	牛油果	华南	2	7020	3900
9	2019/10/3	张三	西瓜	华南	2	10920	9360
10	2019/10/3	黄群金	番石榴	华北	1	5850	4290
11	2019/10/3	秋大宝	西瓜	华北	1	5460	4680
12	2019/10/3	黄群金	山竹	华北	2	3900	2340
13	2019/10/3	黄群金	草莓	华北	2	14040	6240
14	2019/10/4	秋叶	香蕉	华南	1	1950	1170
15	2019/10/4	秋大宝	山竹	华北	2	3900	2340
16	2019/10/4	晓阳	山竹	华中	1	1950	1170
17	2019/10/4	晓阳	番石榴	华中	2	11700	8580
18	2019/10/4	King	牛油果	华中	2	7020	3900
19	2019/10/4	黄群金	草莓	华北	2	14040	6240
20	2019/10/4	小敏	西瓜	华中	2	10920	9360

用同样的方法，将表格截图发送给DeepSeek，让它识别表格结构，并在提示词中输入详细的需求。

> **“请帮我编写一段VBA代码。按照D列的地区，将数据拆成不同的表格文件，保存在当前表格目录的【拆分表格】文件夹中，拆分后的表格用地区名称来命名。”**

等DeepSeek编写好VBA代码后，参考第1个案例的方法，把代码复制到一张空白表格中。

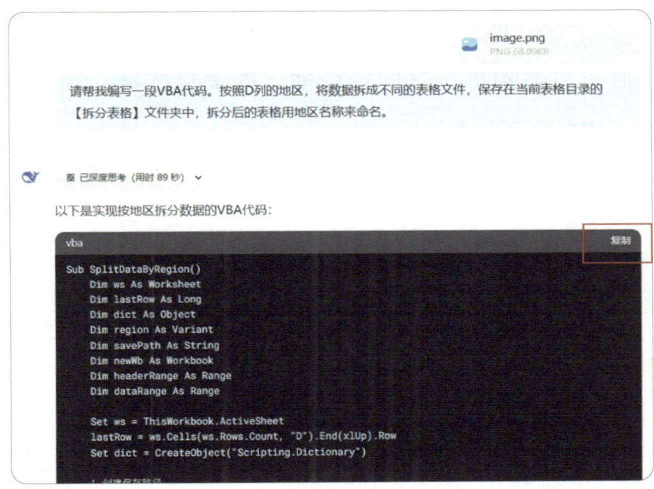

单击“执行”按钮运行代码。

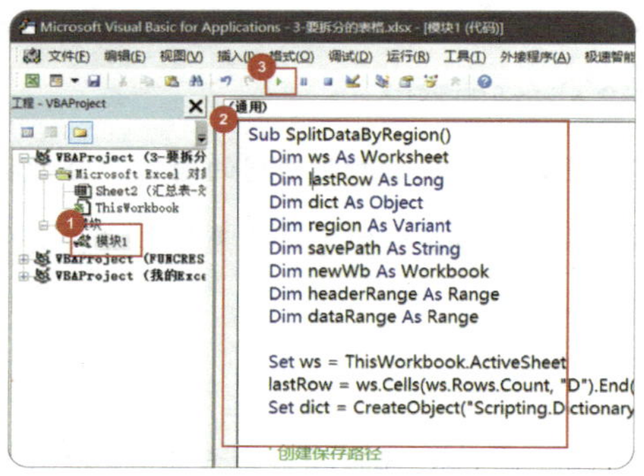

代码运行完成后，表格所在目录会出现一个名为“拆分表格”的文件夹。

打开后可以看到拆分好的各个地区的销售数据，简单又高效。DeepSeek实在是强大得令人惊叹！

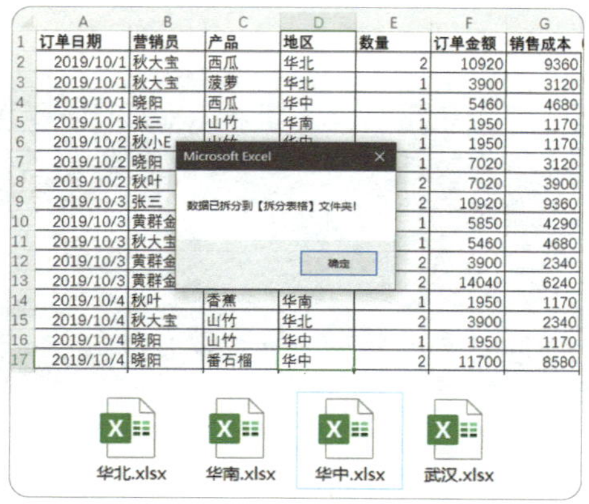

	A	B	C	D	E	F	G
1	订单日期	营销员	产品	地区	数量	订单金额	销售成本
2	2019/10/1	秋大宝	西瓜	华北	2	10920	9360
3	2019/10/1	秋大宝	菠萝	华北	1	3900	3120
4	2019/10/1	晓阳	西瓜	华中	1	5460	4680
5	2019/10/1	张三	山竹	华南	1	1950	1170
6	2019/10/2	秋小E			1	1950	1170
7	2019/10/2	晓阳			1	7020	3120
8	2019/10/2	秋叶			2	7020	3900
9	2019/10/3	张三			2	10920	9360
10	2019/10/3	黄群金			1	5850	4290
11	2019/10/3	秋大宝			1	5460	4680
12	2019/10/3	黄群金			2	3900	2340
13	2019/10/3	黄群金			2	14040	6240
14	2019/10/4	秋叶	香蕉	华南	1	1950	1170
15	2019/10/4	秋大宝	山竹	华北	2	3900	2340
16	2019/10/4	晓阳	山竹	华中	1	1950	1170
17	2019/10/4	晓阳	番石榴	华中	2	11700	8580

编写自定义函数

除了可以对表格进行批量整理、合并和拆分，DeepSeek还可以帮我们解决各种复杂的文本提取、计算问题。

比如下面的表格中记录了每个小组的成员名单，以及每个人生产产品的数量。现在需要从这个复杂的文本中提取数字并进行求和计算。

计算每个小组生产的产品数量

小组	小组成员	个数
1组	马春娇55个，郑瀚海26个，薛痴香28个，朱梦旋61个	170
2组	黄向露78个，张谷翠66个，阎初阳31个，傅诗蕾23个，夏如柏74个，冯清润50个，苏建同34个	356
3组	叶小珍34个，贾若南73个，唐景行33个，曹凌春45个，许涵煦16个	201
4组	卢晓筠52个，韩绮梦40个，袁初彤35个	127

要实现这个需求，公式会被编写得非常复杂，一般人很难理解与掌握。

> =SUMPRODUCT(TEXT(LEFT(TEXT(MID(E2&"A",ROW($1:$60),COLUMN($A:$H)),),COLUMN($A:$H)-1),"G/通用格式;-G/通用格式;0;!0")*ISERR(-MID(E2,ROW($1:$60)-1,2)))

我们可以用DeepSeek和VBA代码，专门针对这个问题开发一个自定义的函数。

在DeepSeek中输入下面的提示词。

> “请根据我的要求，用VBA编写一段包含自定义函数的代码。
>
> ## 原始数据
>
> - 数据1：B3。员工姓名和生产数量。比如马春娇55个，郑瀚海26个，薛痴香28个，朱梦旋61个
>
> ## 计算结果
>
> 提取数字并求和计算，比如‘马春娇55个，郑瀚海26个，薛痴香28

> 个，朱梦旋61个’，计算结果170。
>
> ## 计算规则
>
> 注意，每个单元格中有多个数字，都要提取出来并求和。”

很快，DeepSeek就编写好了VBA代码，参考第1个案例的方法，将VBA代码复制到表中，记住代码中的函数名SomeNumberSInString。

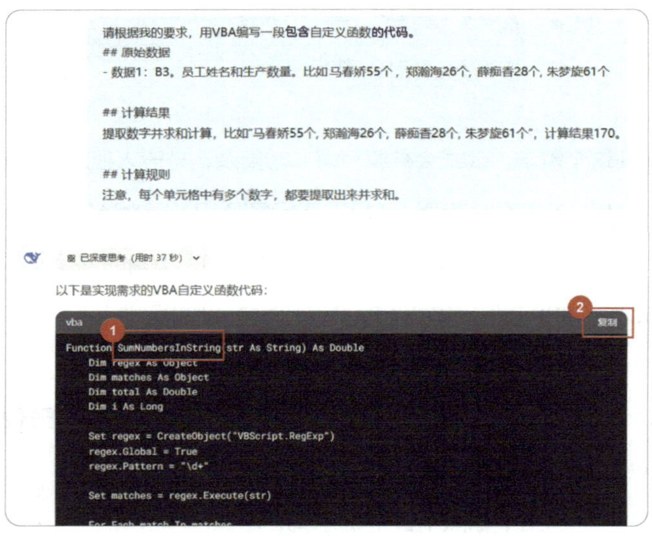

接下来使用代码的方法稍有不同，不需要单击“执行”按钮，而是回到表格中，选中对应单元格，再在函数输入框中直接输入VBA代码中的函数名称和参数等，具体如下页图所示。

> =SumNumbersInString(B3)

C3　fx　=SumNumbersInString(B3)

小组	小组成员	个数
计算每个小组生产的产品数量		
1组	马春娇55个，郑瀚海26个，薛痴香28个，朱梦旋61个	170
2组	黄向露78个，张谷翠66个，阎初阳31个，傅诗蕾23个，夏如柏74个，冯清润50个，苏建同34个	
3组	叶小珍34个，贾若南73个，唐景行33个，曹凌春45个，许涵煦16个	
4组	卢晓筠52个，韩绮梦40个，袁初彤35个	

通过这个自定义函数，很轻松地就把文本中的数字提取出来了并完成了求和计算。

接下来向下填充公式，以批量完成所有单元格的数据计算。自定义函数使用起来简单、精准且高效。

6.2

统计分析：梳理报表中的隐藏逻辑，为业务提供分析方向

数据整理好之后，接下来就要对数据进行统计和分析了。数据分析很简单，只需要掌握两点：分类和对比。

厘清数据分析思路

以这份销售数据明细表为例。

	A	B	C	D	E	F	G
1	订单日期	店铺	商品	地区	数量	订单金额（元）	销售成本（元）
2	2019/1/1	店铺1	戒指	华中	2	10920	9360
3	2019/1/2	店铺2	项链	华南	1	1950	1170
4	2019/1/2	店铺3	吊坠	华北	2	11700	8580
5	2019/1/2	店铺2	手链	华南	1	1950	1170
6	2019/1/2	店铺3	玫瑰花	华北	1	7020	3120
7	2019/1/2	店铺1	项链	华中	1	1950	1170
8	2019/1/3	店铺1	项链	华中	2	3900	2340
9	2019/1/3	店铺3	吊坠	华南	1	5850	4290
10	2019/1/3	店铺3	手镯	华南	2	12480	10140
11	2019/1/3	店铺3	手链	华南	2	3900	2340
12	2019/1/3	店铺4	耳环	华北	1	3510	1950
13	2019/1/4	店铺5	高跟鞋	华中	2	7800	6240
14	2019/1/5	店铺1	吊坠	华中	2	11700	8580
15	2019/1/5	店铺2	手镯	华南	1	6240	5070
16	2019/1/5	店铺1	耳环	华中	1	3510	1950
17	2019/1/5	店铺3	手镯	华南	1	6240	5070
18	2019/1/5	店铺6	手链	华中	1	1950	1170

先看分类，我们可以把数据分为文本类数据和数字类数据两种。

文本类数据通常被称作维度，比如订单日期、店铺、商品、地区。

数字类数据则被叫作指标，比如数量、订单金额、销售成本。

销售数据明细

维度

订单日期
店铺
商品
地区

指标

数量
订单金额
销售成本

	A	B	C	D	E	F	G
1	订单日期	店铺	商品	地区	数量	订单金额（元）	销售成本（元）
2	2019/1/1	店铺1	戒指	华中	2	10920	9360
3	2019/1/2	店铺2	项链	华南	1	1950	1170
4	2019/1/2	店铺3	吊坠	华北	2	11700	8580
5	2019/1/2	店铺2	手链	华南	1	1950	1170
6	2019/1/2	店铺3	玫瑰花	华北	1	7020	3120
7	2019/1/2	店铺1	项链	华中	1	1950	1170
8	2019/1/3	店铺1	项链	华中	2	3900	2340
9	2019/1/3	店铺3	吊坠	华南	1	5850	4290
10	2019/1/3	店铺3	手镯	华南	2	12480	10140
11	2019/1/3	店铺3	手链	华南	2	3900	2340
12	2019/1/3	店铺4	耳环	华北	1	3510	1950
13	2019/1/4	店铺5	高跟鞋	华中	2	7800	6240
14	2019/1/5	店铺1	吊坠	华中	2	11700	8580
15	2019/1/5	店铺2	手镯	华南	1	6240	5070
16	2019/1/5	店铺1	耳环	华中	1	3510	1950

分析的过程就是按照不同的维度，统计汇总不同的指标数据。

比如，我们可以按照不同的店铺名称，统计各个店铺的订单金额总和，找出哪个店铺订单总额最高。

又如，我们可以按照不同的商品，统计各个商品的订单金额总和，找出“爆款”商品。

将维度与指标组合到一起，就能统计出我们需要的分析结果。

把维度作为横坐标，指标作为纵坐标，构建一个二维矩阵表格，我们要统计的数据就是维度和指标交叉的部分。

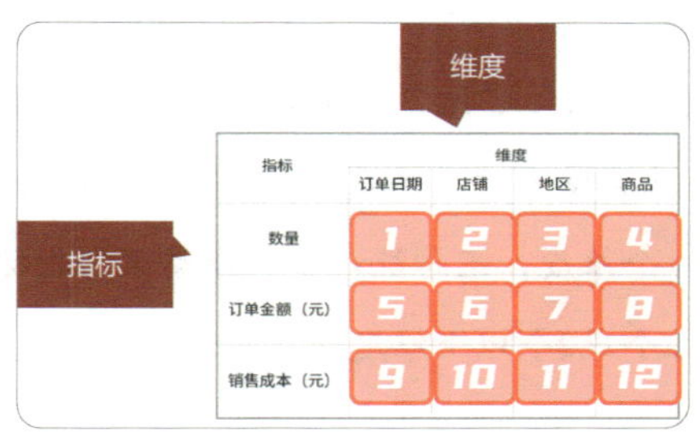

有了这个表格，将维度和指标两两组合，轻轻松松就获得了12个分析结果。这就是数据分析的底层原理：按照不同分类，对比不同维度下的指标数据。

编写数据分析提示词，智能分析数据

那么这12个分析结果的具体数据是多少呢？每个结果可以得出什么样的分析结论呢？接下来，我们可以按照这个思路编写一段提示词，让DeepSeek发挥它强大的功能，帮助我们完成数据分析。

把要分析的表格上传到DeepSeek，再输入下面的提示词。

> ## 角色
>
> 你是一个数据分析专家，高效的汇报助手，擅长运用金字塔原理为用

> 户梳理指标逻辑。
>
> ## 技能
>
> 1. 生成指标，根据维度字段、指标字段组合出分析指标。
>
> 2. 金字塔汇报，运用金字塔原理梳理出一级指标、二级指标、三级指标，厘清指标逻辑。
>
> ## 名词解释
>
> 指标由维度字段、指标字段组合而成，维度越少，级别越高。
>
> 1. 一级指标，没有维度，直接对指标字段进行汇总计算。
>
> 2. 二级指标，1个维度，汇总统计不同分类下的指标。
>
> 3. 三级指标，2个或2个以上维度交叉，汇总统计更细节的指标。
>
> ## 输出
>
> 用思维导图的形式输出不同级别的指标。
>
> 下面是一份【销售明细】表格的字段，请按照上面的方法进行分析。
>
> 以下是数据的维度字段和指标字段。
>
> 维度字段:【订单日期、店铺、商品、地区】
>
> 指标字段:【数量、订单金额、销售成本】

上面是一份提示词模板，使用时根据自己的数据需求、字段内容修改【 】中的内容即可。

DeepSeek收到指令后，马不停蹄地完成了数据分析，给出了详细的数据分析方向。

完整的内容如下：

````
```markdown
# 销售明细指标金字塔结构（思维导图）
## 一级指标（无维度）
- 总数量
- 总订单金额
- 总销售成本

## 二级指标（1个维度）
### 维度：订单日期
- 每日总数量
- 每日总订单金额
- 每日总销售成本
### 维度：店铺
- 各店铺总数量
- 各店铺总订单金额
- 各店铺总销售成本
````
````

维度：商品

- 各商品总数量
- 各商品总订单金额
- 各商品总销售成本

维度：地区

- 各地区总数量
- 各地区总订单金额
- 各地区总销售成本

三级指标（2个维度交叉）

维度组合：订单日期+店铺

- 各日期各店铺数量
- 各日期各店铺订单金额
- 各日期各店铺销售成本

维度组合：订单日期+商品

- 各日期各商品数量
- 各日期各商品订单金额
- 各日期各商品销售成本

维度组合：订单日期+地区

- 各日期各地区数量
- 各日期各地区订单金额
- 各日期各地区销售成本

维度组合：店铺+商品

- 各店铺各商品数量
- 各店铺各商品订单金额
- 各店铺各商品销售成本

维度组合：店铺+地区
- 各店铺各地区数量
- 各店铺各地区订单金额
- 各店铺各地区销售成本
维度组合：商品+地区
- 各商品各地区数量
- 各商品各地区订单金额
- 各商品各地区销售成本
```

### 金字塔逻辑说明
1. **自上而下细化**：从全局指标（一级）→ 单维度下钻（二级）→ 多维度交叉分析（三级）
2. **维度递增原则**：维度数量逐级增加（0→1→2），满足从宏观到微观的分析需求
3. **指标一致性**：每个层级均覆盖【数量/金额/成本】核心业务指标
4. **可扩展性**：三级指标维度组合穷举了所有两两交叉可能性（$C_4^2$=6种组合），确保分析全面性
```

从指标到分析报告

目前DeepSeek给出的只是分析的方向，这些还是零散的信息，算不上是报告。数据分析报告应当像讲故事一样，把这些零散的数据点串联起来，条理清晰地呈现根据数据得到的观点、遇到的问题以及对应的解决方案。

这个过程叫作“故事化演绎”，需要采用金字塔原理、结构化思维、SCQA方法等。这种文字性工作正是DeepSeek的强项，下面用DeepSeek生成分析报告。

输入下面的提示词。

> “我要做一个【销售的年终总结报告】，请根据上面的指标，完成下面的操作：
>
> 1. 挑选合适的指标，列出分析的结果。
>
> 2. 对分析的结果进行故事化的演绎，不同结果之间逻辑清晰，相互论证。
>
> 3. 用Markdown的形式输出这些指标的汇报逐字稿。”

不一会，一份条理清晰、语言通顺的汇报逐字稿就写好了，甚至连开场白、结束词这些细节都包含在内。

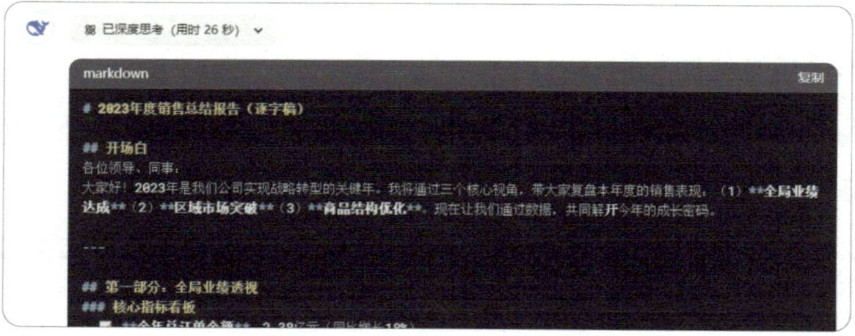

已深度思考（用时 26 秒）

```markdown
# 2023年度销售总结报告（逐字稿）

## 开场白
各位领导、同事：
大家好！2023年是我们公司实现战略转型的关键年。我将通过三个核心视角，带大家复盘本年度的销售表现：（1）**全局业绩达成**（2）**区域市场突破**（3）**商品结构优化**。现在让我们通过数据，共同解开今年的成长密码。

---

## 第一部分：全局业绩透视
### 核心指标看板
```

完整的内容如下。

```markdown
# 2023年度销售总结报告（逐字稿）

## 开场白
各位领导、同事：
大家好！2023年是我们公司实现战略转型的关键年。我将通过三个核心视角，带大家复盘本年度的销售表现：（1）**全局业绩达成**（2）**区域市场突破**（3）**商品结构优化**。现在让我们通过数据，共同解开今年的成长密码。

---

## 第一部分：全局业绩透视
### 核心指标看板
- 📊 **全年总订单金额**：2.38亿元（同比增长18%）
- 📦 **总销售数量**：158万件（日均4329件）
- 💰 **综合毛利率**：37%（总成本1.50亿元）

### 关键发现
> "12月单月销售额突破3000万，创历史新高，占全年12.6%"

**数据故事线**：
```

今年销售额呈现明显的“阶梯式增长”，Q2季度突破6000万后，通过**夏季爆品策略**（数据支撑：第三部分商品分析）和**华东市场深耕**（数据支撑：第二部分区域分析），成功实现连续三个季度的环比增长。特别值得注意的是，12月通过**双旦促销组合拳**（店铺维度数据：旗舰店单店贡献率达35%），达成全年最高单月业绩。

第二部分：区域市场破局
区域战绩TOP3
地区	销售额	占比	同比增长
华东	9800万	41%	+25%
华南	6200万	26%	+15%
华北	4800万	20%	+12%

深度洞察
> "华东地区单店产出达其他区域1.8倍"

数据故事线：
通过**区域-商品交叉分析**发现：
1. 华东市场的成功源于**高端商品组合**（商品维度：单价800+商

品占比达45%）

2. **杭州旗舰店**成为区域引擎（店铺维度：年度销售额2800万，客单价行业领先）

3. 存在**区域发展不均衡**问题。西南地区销售额仅占8%，但通过Q4试点**定制化选品策略**后，12月环比增长达62%（三级指标：地区+日期交叉验证）

第三部分：商品结构进化

商品矩阵表现

头部效应显著：

- TOP5商品贡献58%销售额（商品维度：单品最高销售额3200万）

- 新品成功率提升：今年上市的15款新品中，有6款进入销售TOP20

成本效益分析

> "爆款商品的边际成本下降7%"

数据故事线：

1. 通过**商品-店铺交叉分析**发现：

  - 畅销款A在华北地区存在15%的库存积压（需优化区域调拨）

  - 明星款B在华南地区复购率达38%（建议加强区域精准营销）

2. **成本控制突破**：年度爆款通过规模化采购，实现销售成本下降3%

总结与建议
三大核心结论
1. **增长飞轮已验证**：区域深耕（华东）+商品升级（高端化）+运营提效（成本控制）形成良性循环
2. **存在结构性机会**：西南市场潜力待释放，中端商品带存在供给缺口
3. **需警惕的风险点**：华北地区库存周转天数增加20%，需优化供应链响应速度

2024年战略建议
1. **区域战略**：巩固华东头部优势，启动“西南振兴计划”
2. **商品战略**：打造第二增长曲线（开发区域专属商品系列）
3. **效率战略**：建设智能补货系统（目标降低15%滞销库存）

结束语
这些数字不仅是成绩单，更是我们明年再出发的路线图。最后用三个关键词结束我的汇报：**深耕区域市场、锻造商品利剑、提升运营效率**。2024，让我们继续用数据说话，用结果证明！谢谢大家！
```
```

报告设计逻辑说明

1. **指标选择原则**:

 - 一级指标作为“战略仪表盘”

 - 二级指标构建“分析主框架”

 - 三级指标实现“问题精准定位”

2. **故事化技巧**:

 - 采用“结论先行-数据支撑-行动建议”的金字塔结构

 - 关键数据用**口语化解读**（如“相当于每天卖出4329件”）

 - 设置**悬念式洞察**（如“西南12月环比增长62%”）引导听众思考

3. **分析验证闭环**:

 - 区域分析与商品分析相互印证

 - 成本数据与销售数据形成闭环

 - 问题发现与战略建议严格对应

建议在实际汇报时配合数据看板（Dashboard）使用，重点数据用趋势图/热力图呈现，关键结论使用信息图表辅助说明。

接下来，我们只需依照报告中的思路，找到对应的维度和指标，再借助数据透视表完成数据统计，计算出具体的数值后将数值填入报告即可。

6.3

汇报呈现：Excel表格秒变商务图表，“丑”数据也能做出高级感

数据分析的最后一个环节是汇报呈现，即用更简单的方式、更通俗易懂的逻辑，向领导汇报分析结果。

被忽略的智能分析

实际上，Excel 已经为我们准备好了相应的工具。

我们只需打开表格，选择任意数据单元格，在“开始”选项卡中单击“分析数据”，之后Excel 会在右侧基于当前数据的维度和指标，快速给出数据探索的见解。

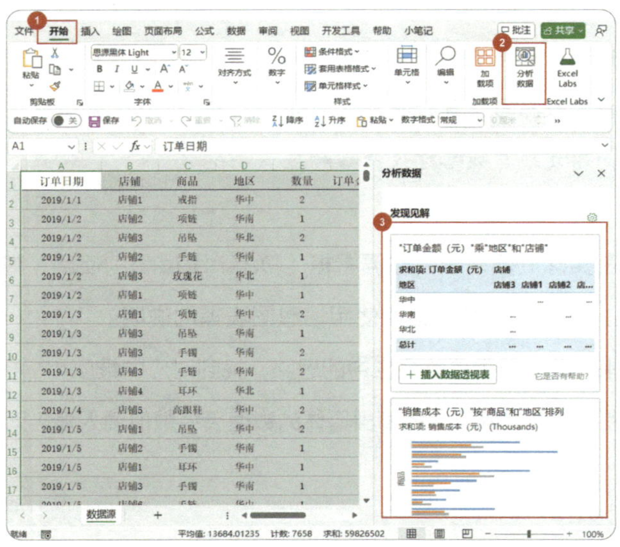

例如，按照“订单金额×地区×店铺”的方式，能算出不同地区、不同店铺的订单金额总和；按商品和地区统计销售成本，并生成条形图进行对比分析，等等。

如果觉得某个方案不合适，我们可以单击右上角的齿轮按钮，修改需要分析的维度和指标。

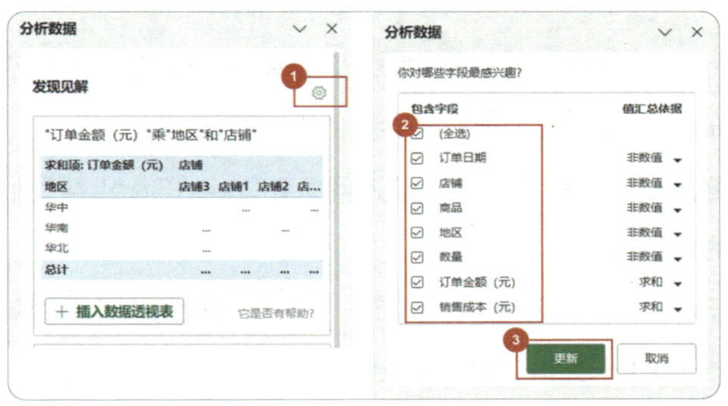

根据前面DeepSeek给出的报告，找到对应的分析结果，然后单击左下角的“插入数据透视表”或“插入数据透视图”按钮，数据和图表就轻松一键完成了。

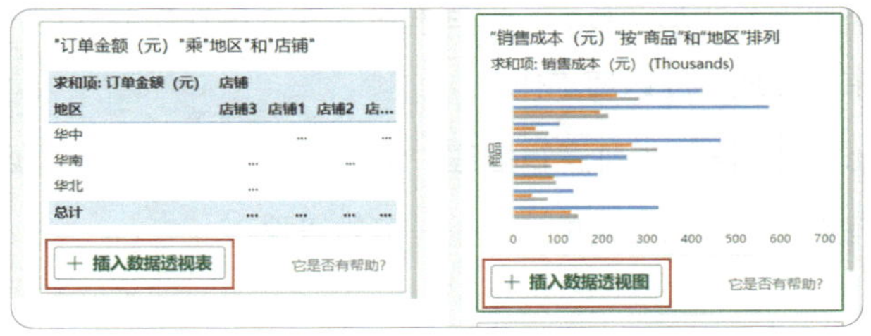

针对WPS用户，可以在“数据”选项卡中单击“智能分析”来实现相同的操作。

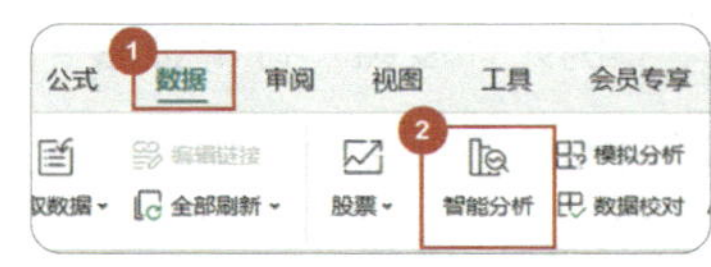

从梳理分析思路、智能分析数据、输出分析报告，到最后一键完成统计分析图表，有了DeepSeek的帮助，人人都可以成为专业的数据分析师。

DeepSeek既然能分析数据，又能写分析报告，我们不妨大胆一些，让DeepSeek帮我们做一份完整的数据看板！

在前面的提示词的基础上继续追问，让DeepSeek帮我们拟定一份数据看板的设计思路稿。

请基于数据分析的逐字稿，拟定一份数据看板的设计思路稿。

DeepSeek一如既往地展现出了它强大的能力，给出了详细的数据看板设计步骤，比如顶部的整体布局、各个板块的具体设计、配色方案、字体选择以及所需统计的指标等。

接下来，是不是就要依照DeepSeek给出的建议，按部就班地制作图表了呢？当然可以，但不够高效。

在Excel中制作数据看板，流程复杂，图表操作细节烦琐，我们需要一个工具来高效地完成这项工作。

DeepSeek擅长的是逻辑推理并进行文字的输出，在数据看板搭建方面，推荐另一个非常好用的工具——多维表格。

新建多维表格

多维表格是一种更加轻便的数据管理方式，可以实现多人协同合作，轻松制作数据看板。

金山文档、飞书文档、腾讯文档、石墨文档等平台，都引入多维表格这一概念。基于多维表格制作数据看板，远比在 Excel 中操作简单。

下面以金山文档为例，为大家演示操作流程。

登录金山文档，单击左上方的“新建”按钮，新建一个多维表格后导入之前准备好的销售明细数据。

导入后，在工作表名称栏单击 + 按钮，选择“应用”→“仪表盘”。

单击“转换当前文件”按钮，把当前表格转换成智能表格。

新建数据仪表盘

表格转换完成后，单击工作表名称右侧的按钮，选择“更多表格功能”→“生成数据表”，将当前工作表转换成数据表，此时表格中会生成一个名为“数据源(2)”的数据表。

切换到“仪表盘”，单击“添加组件”按钮开始添加图表。

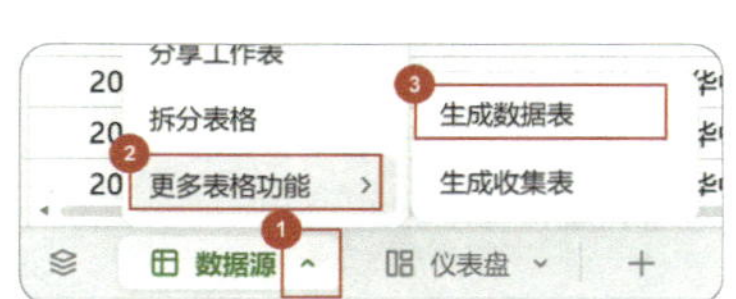

金山文档为我们准备了常用的柱状图、折线图、条形图、饼状图、统计数字等不同类型的图表。

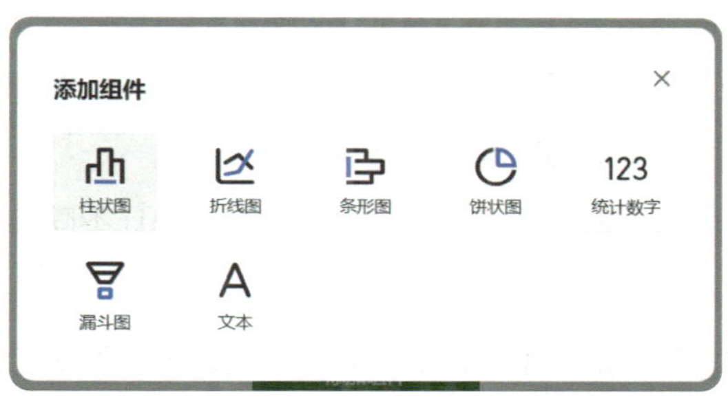

设置图表属性

以柱状图为例，单击“柱状图”后，系统会自动识别数据字段，创建一个柱状图。左侧是图表预览区，右侧是图表的属性设置区。

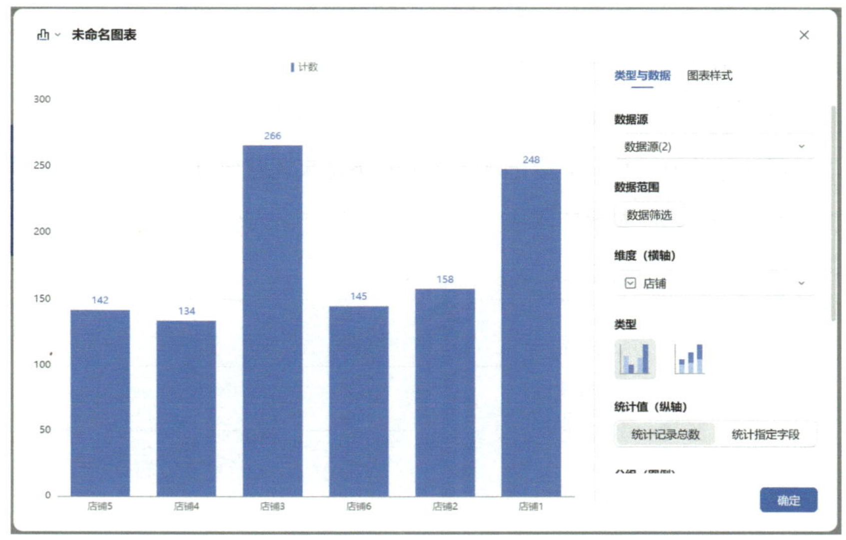

我们可以根据需求设置图表的各个属性。

数据源：选择图表的数据源，通常来自数据表，不建议手动选择普通表格中的数据区域。

数据范围：通常不需要修改，如果需要对数据筛选后的结果进行统计，可以在这里设置筛选范围。

维度：图表数据的分组方式。比如本案例中统计不同店铺的数据，那么维度就是“店铺”字段。

类型：选择图表的类型，比如簇状柱状图、堆积柱状图。

统计值：要统计的数据，也就是前面提到的指标字段。

分组：如果要针对每个分类再添加子分类，可以在这里进行设置。

排序依据：选择按横坐标轴或者纵坐标轴对数据排序。

排序方式：设置正序或者倒序排列。

明细数据显示的字段：单击图表中的分类后会显示数据明细，可以在这个属性中设置要显示哪些字段（默认全部显示）。

设置好属性后，单击右下角的“确定”按钮完成图表的创建。

图表创建好之后，可以拖动图表的右下角来调整尺寸，调整的过程中图表会自动吸附到看板的网格中，对排版来说非常方便。

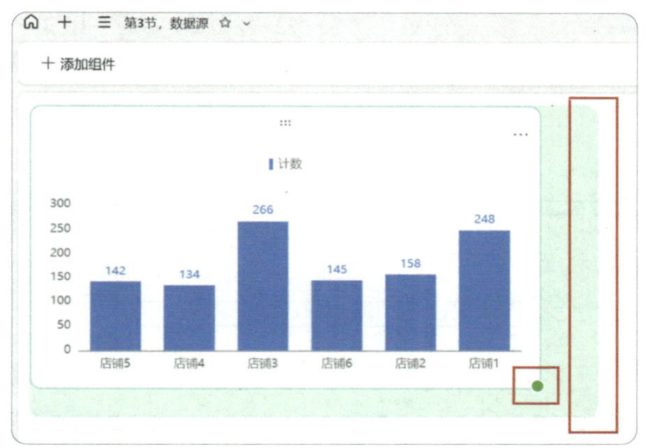

接下来，单击左上方的+按钮继续添加图表。这个过程可以参考之前DeepSeek帮我们设计的数据看板的思路稿和汇报逐字稿，添加不同的分析模块。

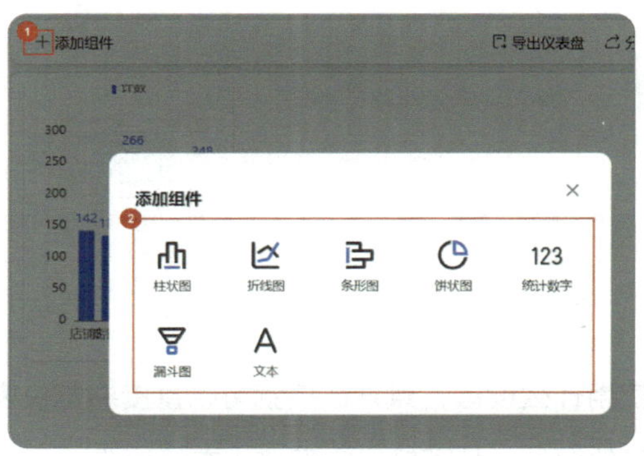

数据看板制作好之后，将其选中，单击右上方的“分享仪表盘”按钮，点击右侧开启按钮，然后点击下方复制链接，可以把当前仪表盘的链接分享给同事或者领导。

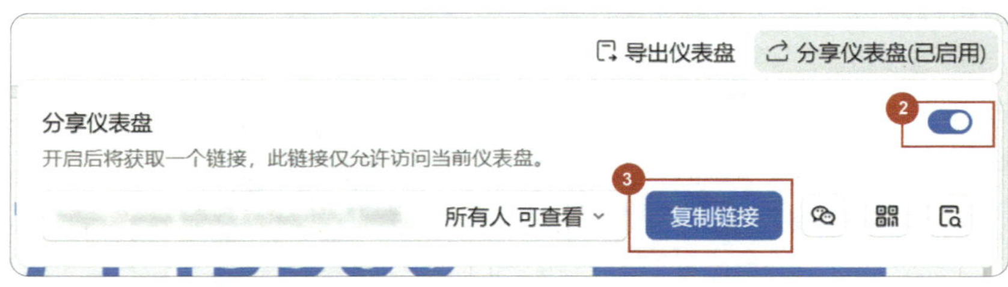

无论对方使用什么设备，点开链接就可以直接浏览仪表盘的数据，不需要额外安装其他软件，从而轻松实现多人在线协作。

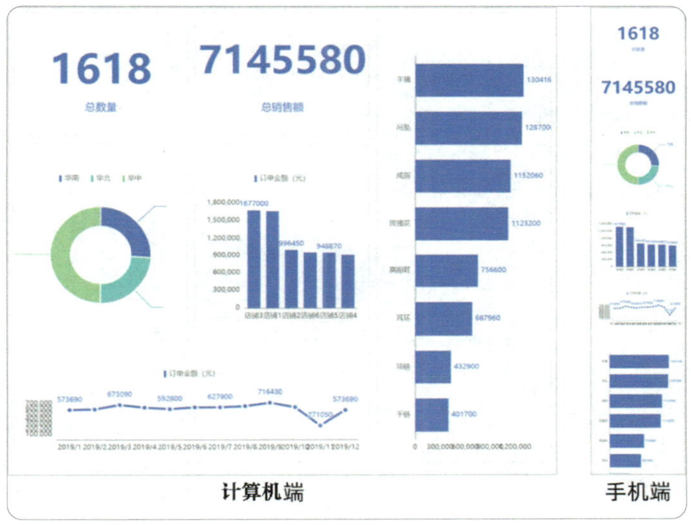

后续如果更新了数据，数据仪表盘中的数据也会同步实时更新。只用一个多维表格，就解决了协同合作、数据更新、图表呈现等多个数据分析难题。

掌握了金山文档的多维表格操作后，可用相同思路在飞书文档、腾讯文档和石墨文档中轻松完成类似操作，简单易上手。

第7章

AI音视频：零基础打造专业级视听作品

CHAPTER SEVEN

AI语音创作，打造“百万级”配音作品

AI短视频，批量生产“爆款”短视频

AI数字人克隆，轻松复刻真人口播视频

前面的内容中，我们主要对DeepSeek在文案创作、图片创作方面的应用进行了讲解。然而AI工具在音视频内容的产出上，也同样表现出色。利用AI工具，不仅可以完成专业配音，还能产出优质的短视频内容，甚至可以定制一个你的专属形象，替你出镜。本章将介绍如何将DeepSeek与其他AI工具协同联动，为多媒体内容创作提供助力。

7.1 AI语音创作，打造“百万级”配音作品

以前做公司宣传视频，不仅需要花钱找配音师，还得排队等档期。现在有了DeepSeek和AI配音工具，不管是做培训课件、产品介绍，还是短视频，动动手指就能让AI工具帮你“开口说话”，成本低、效率高。

觉得自己声音不好听？使用专业的录音设备的成本太高？没关系，有了AI工具的加持，只要打开网页，输入文字，AI工具就可以生成音频。本节我们就来学习如何完成一个AI配音作品。

撰写对应的对白文本

前面我们了解了如何利用DeepSeek进行文本创作，这里仍然选择借助DeepSeek为我们撰写一份文本解说稿。进入DeepSeek官网，输入以下提示词。

> “你是一名抖音的‘爆款’视频创作者，我需要你为我撰写一份主题是‘AI工具给人类生活带来的变化’的口播稿件，面向的群体是

> 20~50岁的职场人士，目的是激励大家拥抱变化，接纳新技术。要求表述接地气，口语化，有趣一些。”

已深度思考（用时 20 秒）

【口播文稿：AI来了！打工人的“摸鱼神器”还是“超车加速包”？】

（开场举着手机对镜头，背景音效：科技感音效）
家人们谁懂啊！最近发现公司新来的实习生小王不对劲！（突然凑近镜头）每天下午茶时间他居然在楼下遛弯儿喝咖啡！一问才知道——这小子用AI把活儿都干完了！（瞪大眼睛震惊脸）

（切画面：键盘敲击特效）
老铁们别慌！这可不是科幻片！你们知道现在AI能帮咱打工人干啥吗？
（快速切PPT动画）
写周报？ChatGPT三秒给你整出模板！（配上打工人狂喜表情包）
做PPT？WPS AI直接给你套上高级模板！（展示丑PPT变身效果）
回邮件？Notion AI连老板的语气都模仿得明明白白！（老板点头表情包）

（突然严肃脸）
我知道你们在想啥——AI要抢饭碗了是不是？（双手交叉胸前）
错！大错特错！（突然掏出一支记号笔）
咱们财务部李姐，用AI半小时做完以前三天才能完成的报表（展示Excel满屏数据）
设计部阿强，用Midjourney一天出50张海报（切炫酷AI设计图）
连前台Lucy都靠AI语音生成器，同时应付8个客户的咨询！（配上八爪鱼表情包）

（切换元气满满状态）
重点来了家人们！（背景变粉色）
现在根本不是人和AI的比赛，是会用AI的人和不用AI的人的PK！（举拳）
就像当年从算盘到计算器，从绿皮火车到高铁（快速切怀旧画面）
那些最先学会网购的人，是不是最早实现财富自由？（突然掏出手机做直播带货动作）

（最后时间，背景音乐渐起）
所以别在被窝里焦虑地刷短视频啦！（掀被子动作）
从今天开始，每天花10分钟试试AI工具（比出10手势）
让AI帮你写日报、改简历、做数据分析（每说一个竖起一根手指）
等到别人还在加班改第18版方案时（配上熊猫眼特效）
你早用AI生成完方案，在健身房锻炼了！（秀肌肉动作）

（结尾举咖啡杯碰镜头）
记住！技术革命从不等迟到的人（咖啡杯"叮"的碰击声）
与其担心被取代，不如现在就让人工智能变成你的"人工助理"！（眨眼wink）
下期教你们怎么用AI摸鱼...啊不，是高效工作！点关注不迷路！（快速下滑手势+关注按钮特效）

DeepSeek很快为我们生成了一份可用的文稿，接下来就需要依据这段文稿进行配音了。

将文稿转换成语音

讯飞智作是讯飞旗下的一款AI智能创作工作平台，进入讯飞智作官网，单击“登录注册”按钮后，选择合适的登录方式进行登录，就可以正式开始体验了。

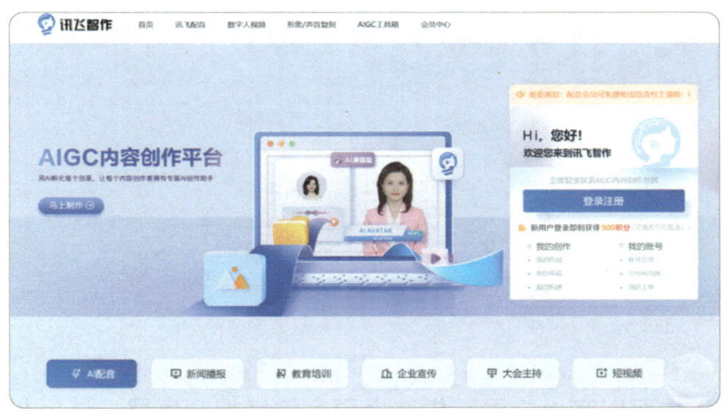

我们需要用到的工具是“AI配音”，单击“立即制作”按钮进入对应的操作界面。

可以看到页面被划分为两个区域，左侧是音色选择区域，在其中单击人物头像，可以选择对应的音色，点击右侧“默认”按钮，试听对应的音色。

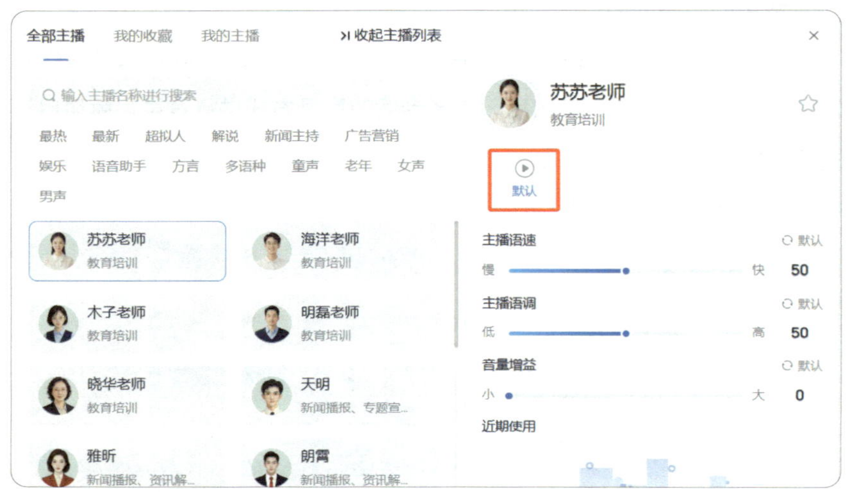

当然，也可以在上方导航栏选择更多的音视频场景，选择与文本对应的场景。

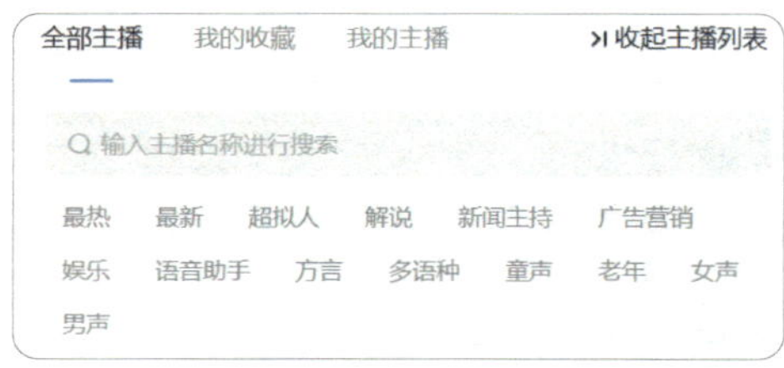

选择一个心仪的音色，页面右上角会切换成对应的主播头像。再将DeepSeek生成的文本复制并粘贴在左侧文本编辑区域。

将光标定位在文本中，单击左上角“试听”按钮，即可让AI主播朗读对应的文段（正在朗读的句子会变成蓝色）。

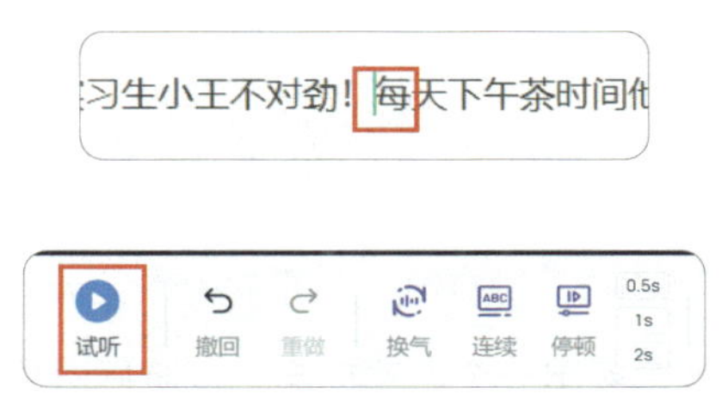

如果觉得这个音色基本没问题，但是有一些细节想再调整一下，应该怎么调呢？

优化配音细节

在编辑区上方的工具栏有一些工具，可以对声音进行细致的调整。

① 增加停顿

如果希望在“最近发现公司新来的实习生小王不对劲！”和“每天下午茶时间他居然在楼下遛弯儿？”中添加一个停顿，让整个音频听感更自然、流畅。

那么可以单击需要添加停顿的文本，确保光标所在的位置是正确的，再在工具栏单击“停顿”按钮，选择需要的停顿时长，一般短视频中停顿 0.5 秒就足够了。

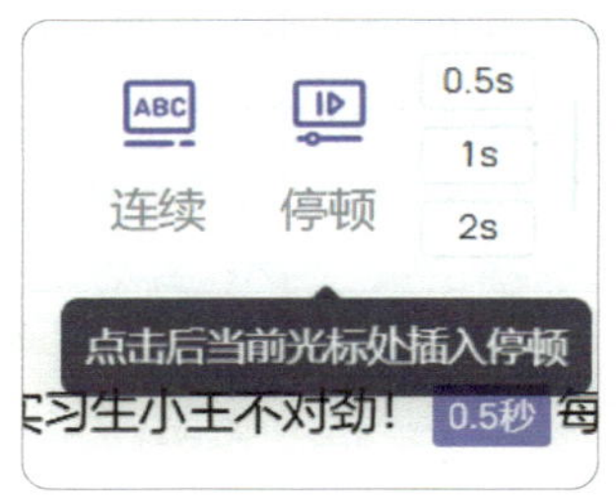

此时文本中间就会多出一个停顿标志，试听后满意即可保留。如果还需要再次进行调整，可以更改为其他停顿时间，或者移除停顿。

最近发现公司新来的实习生小王不对劲！ 0.5秒 每天下午茶时间他居然在楼下遛弯儿喝咖啡？

② 调整语速

如果觉得整体语速太慢了，希望调整整体的语速，那么可以在右侧主播的位置找到“主播语速”的选项，将滑轮往右拖动；想将语速调慢，将滑轮往左拖动，根据试听效果决定最终的播报速度。

如果需要调整某一句或者某一段话的语速，则需要拖曳鼠标框选需要调整的文本，单击工具栏上的“局部变速”功能。

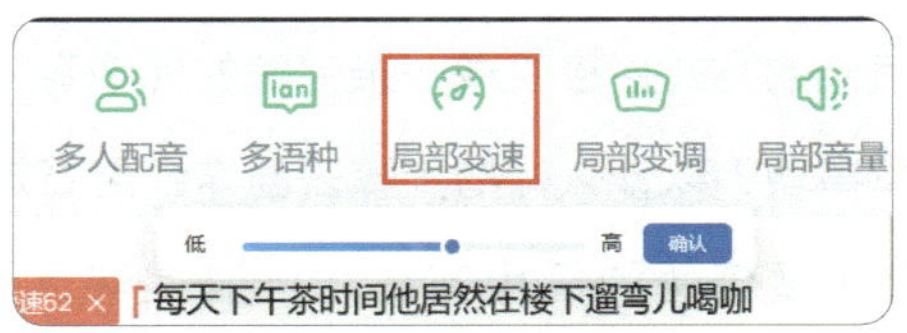

调整后再次试听，确认不需要再调整后，单击右上角的“生成音频”按钮，输入作品名称，即可下载刚刚生成的音频。

除了本节中详细介绍的2个功能，讯飞智作还支持添加配乐、音效、识别多音字、连读、多人对话等实用的语音功能，且使用起来都非常便携，大家可以自行尝试。

7.2

AI短视频，批量生产“爆款”短视频

前面已经学习了怎么用AI工具生成图片，那怎么让图片动起来，或者能不能用一些其他的方式直接生成一条完整的视频呢？整个视频创作过程中，有哪些注意事项？以什么样的步骤去创作会更高效呢？

目前AI生成视频有两种常用方式，一种是输入文字直接生成视频，另一种是基于参考图片来生成视频。本节我们要用到的AI工具是DeepSeek和即梦AI。利用AI工具创作短视频的流程如下。

撰写完整的分镜头脚本

分镜头脚本的作用是帮助梳理拍摄与剪辑思路，提升创作效率。写脚本前可以先思考以下问题。

全篇一共有几个画面？画面顺序怎么排？

每个画面持续多久？

画面怎么跟文字对应？

台词用配音还是原声？

……

最基础的分镜头脚本包括以下几个基本要素。

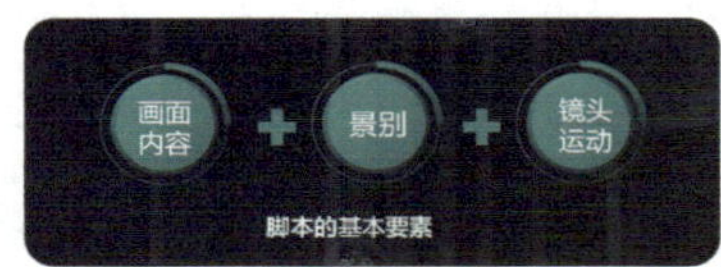

画面内容相对好理解，景别是什么？通俗来说，景别就是画面主体在整个画幅中的占比大小。从远景到特写景别，镜头的表现重点从背景环境逐渐移到画面主体。

景别	远景	全景	中景	近景	特写
划分范围	人物占比小，甚至没有	人物全身	人物的膝盖以上的部分	人物的上半身	强调某一个局部的重要细节
应用场景	交代环境或表现环境开阔，常用在视频段落的开头或结尾	表现人物与环境之间的关系，大多用在人物初次出场时	表现人物上半身动作，大多用在人物之间的交流互动	表现人物的面部表情和动作细节；常用在人物进行心理活动时，表现人物的表情	强调单一细节；可以有效突出主体，营造氛围，设置悬念
表现重点	重在表现环境	可同时兼顾环境与人物	侧重于表现人物动作	侧重于表现人物表情和心理活动	侧重于强调某一个局部细节

基本要素已经了解了，这时就可以引入AI工具来为我们的脚本创作提效了。

进入DeepSeek，如果你没有对应的脚本示例，可以输入如下提示词。

> “你是一名专业的‘爆款’视频创作者，帮我撰写一个主题是×××的短视频脚本。时长1分钟左右，要求以表格的形式呈现，脚本表格需要包括镜号、场景、台词、拍摄内容、拍摄方式、声音。”

当你有对应的脚本示例时，则输入如下提示词。

> “你是一名专业的‘爆款’视频创作者，帮我撰写一个主题是×××的短视频脚本。要求以表格的形式呈现，脚本表格需要包括镜号、场景、台词、拍摄内容、拍摄方式、声音。以下是我给你提供的脚本示例，请你参考和学习，分析案例脚本中的角色设置、画面内容、镜头运动，并完成给定主题的脚本撰写任务。”

脚本示例如下。

封神榜短视频脚本

镜号	场景	台词	拍摄内容	拍摄方式	声音
1	仙境般的天宫	（旁白）远古时代，天地未分，混沌一片。	云雾缭绕的天宫，仙人们穿梭其间。	航拍全景，展现天宫的壮阔。	悠扬的背景音乐，带有神秘感。
2	人间凡尘	（姜子牙）“天下大势，合久必分，分久必合。”	姜子牙手持法杖，站在凡尘之中，目光深邃。	近景拍摄姜子牙，突出其智者形象。	姜子牙沉稳有力的声音。
3	商朝王宫	（纣王）“我乃天命所归，何人敢反？”	纣王坐在王位上，四周是歌舞升平的景象。	俯拍王宫内部，展现其奢华。	纣王狂妄自大的声音。
4	军营	（哪吒）“为正义而战，虽死犹荣！”	哪吒身披战甲，手持火尖枪，准备冲锋。	特写哪吒坚定的眼神，展现其英勇无畏。	激昂的背景音乐，配合哪吒的呐喊。
5	战场	（众仙）“封神之战，就在此刻！”	众仙人与妖魔在战场上激烈交战。	快速切换战斗画面，展现战场的残酷。	战斗音效，配合紧张的背景音乐。
6	天宫封神台	（姜子牙）“今日，我便为尔等封神！”	姜子牙站在封神台上，手中拿着封神榜，宣布封神名单。	俯拍封神台，展现其庄严神圣。	庄重的背景音乐，配合姜子牙的声音。
7	结尾画面	（旁白）“封神之战，终成传奇。”	封神台逐渐消散，画面转为一片祥和。	拉远镜头，展现宇宙的广阔。	悠扬的背景音乐，逐渐减弱。

撰写视频提示词，生成视频画面

进入即梦AI首页，找到AI视频创作板块，单击“视频生成”按钮。

左侧的编辑区中有两种视频生成方式可选择，分别是图片生视频和文本生视频。

① 图片生视频

通过图片生成视频更可控，适合制作对画面统一性要求较高的短视频。读者可以依据前面章节的内容，生成想要的背景或画面，再将图片上传至即梦AI。最终的生成结果如下。

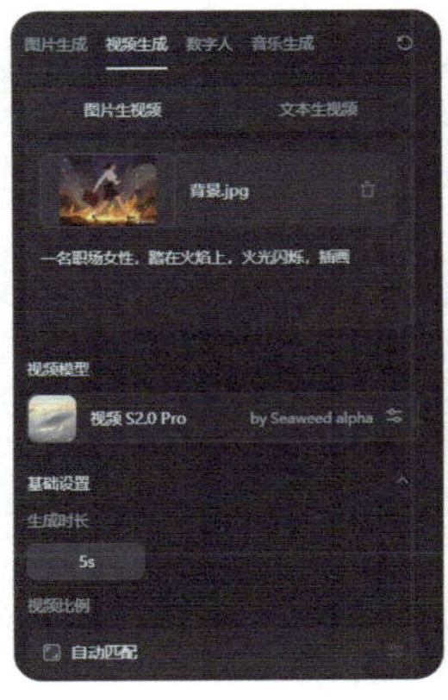

② 文本生视频

通过文本生成视频的自由度更高，可以让AI很好地发挥自己的创意，适合绘本类、创意类短视频。依据之前生成的脚本内容，撰写对应的镜头提示词，通常需要包括以下4个要素。

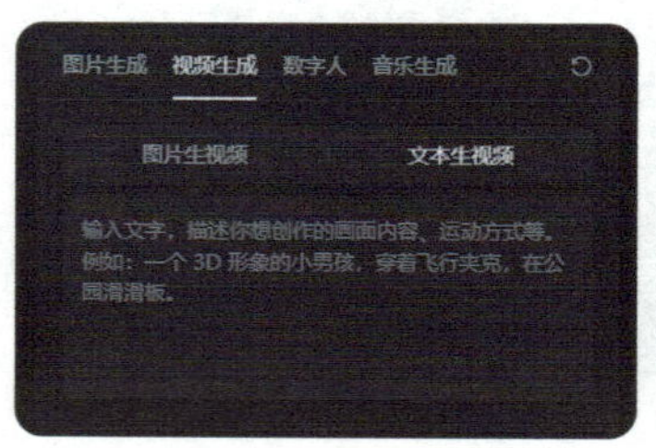

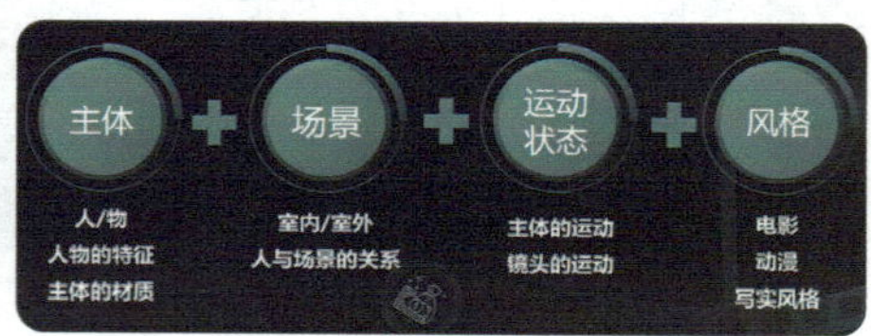

举例：“池塘水面上大片的粉色睡莲在柔和的晚霞中熠熠生辉，被风吹过微微颤动。写实风格”。

将其复制到即梦AI的文本框中，选择对应的视频模型和视频比例，最终生成的效果如下。

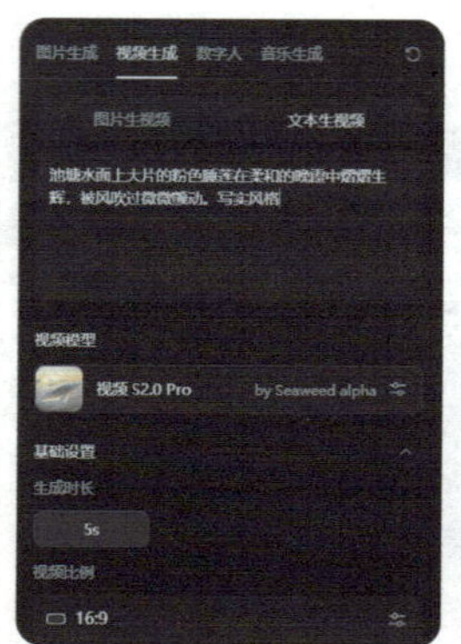

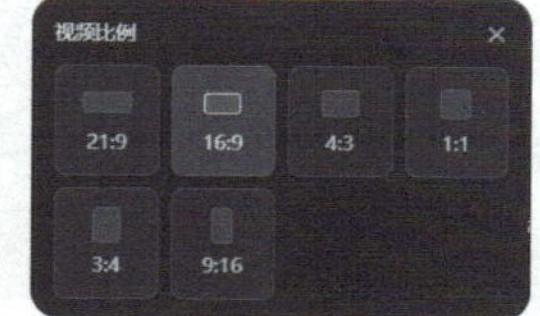

依据分镜头脚本，在剪辑软件中制作视频

打开剪映专业版（移动端APP也可），单击首页的“开始创作”按钮，进入编辑界面。

在素材区导入生成的视频素材，再将其拖动到视频轨道中。

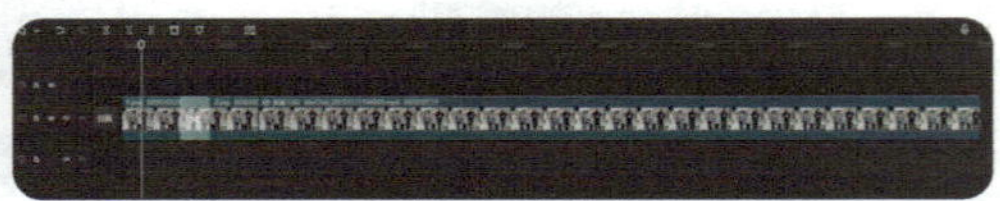

在这里可以进行基础的剪辑处理。素材区中提供了各种类型的素材供用户选择。

单击对应的素材，可以预览素材添加至视频的效果。选中心仪的素材后，单击素材右下角的 + 按钮，即可将其添加至轨道上。

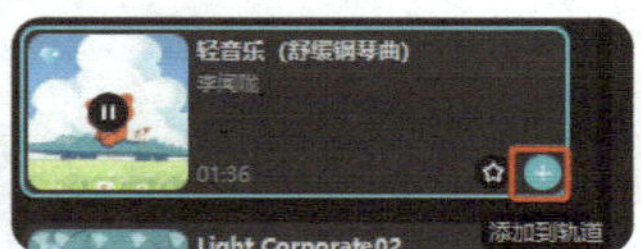

在轨道上按住鼠标左键拖曳素材，可以移动素材，让音频与视频画面对齐。

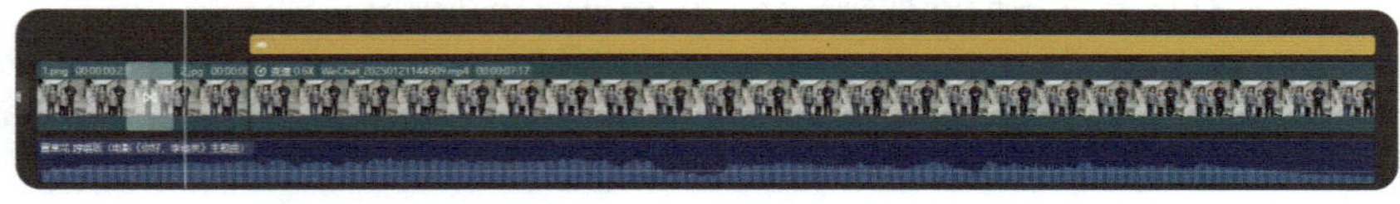

如果无须添加其他素材和效果，在右上方单击“导出”按钮，设置对应的文件保存参数，将其导出，得到一条完整的短视频。

7.3

AI数字人克隆，轻松复刻真人口播视频

现在产出配音和视频素材已经难不倒大家了，如果你不想出镜，但又需要拍摄一些有真人互动感的短视频，或者你只有一个人，但想拥有自己的“一个团队”。AI又能做些什么呢？本节我们将学习“闪剪”这款国产AI数字人工具。

制作通用的 AI 数字人视频

进入闪剪首页，注册或登录。

选择一个符合你需求的数字人视频后，单击“立即制作”按钮，进入编辑界面。

编辑界面分为3个板块。

左侧的功能区内置了丰富的素材，供用户选择，包括数字人形象、人物配音、视频配乐、贴纸素材、预设好的文字样式等。

中间的区域是视频预览区，用户可以在这里查看视频目前的效果。

右侧是文本区，如果你有现成的文本，可以直接将其复制到这个区域。也可以选择用闪剪里已经接入的DeepSeek-R1模型来为你创作文本。

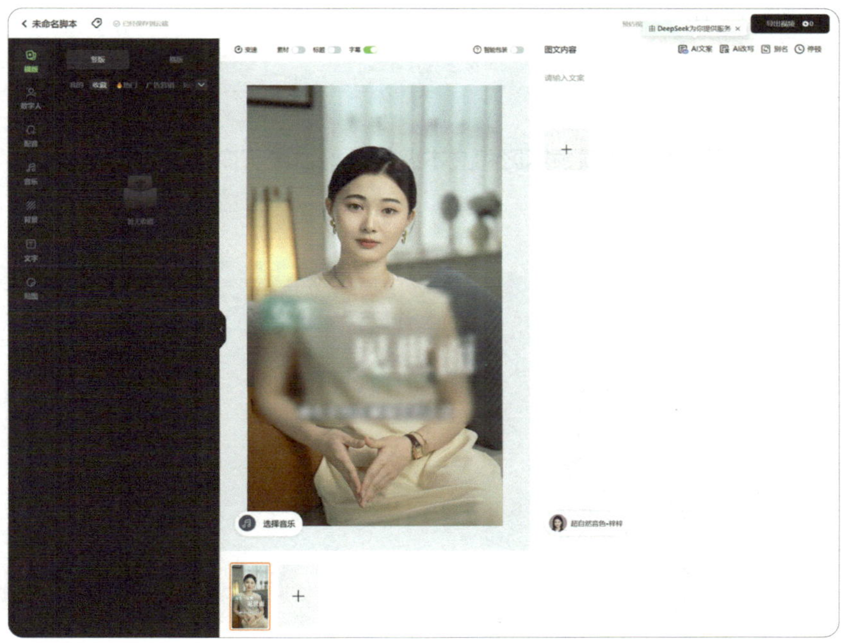

第 1 步 创建视频文本。

这里选择直接使用闪剪接入的DeepSeek-R1模型进行文本创作。

单击右上方的“AI文案”按钮，进入创作界面，选择对应的角色，输入需要创作的主题（本案例以“女性力量”为例），选择字数要求后，单击“使用DeepSeek生成”按钮。

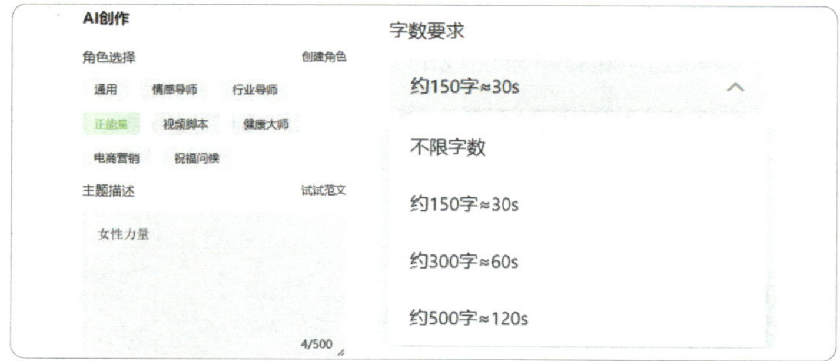

此时可以看到视频预览区和文本编辑区均发生了变化。

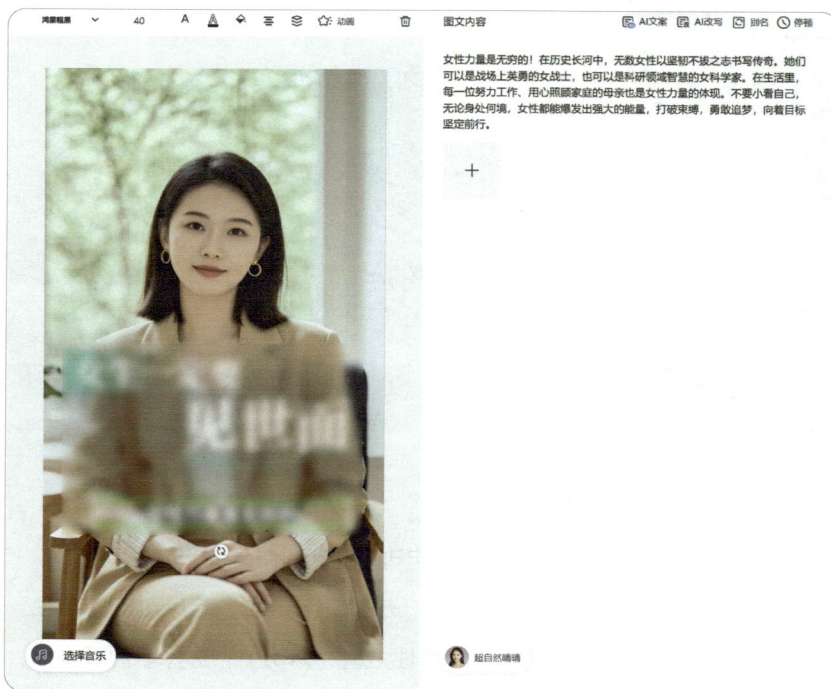

鸿蒙粗黑 40 动画 图文内容 AI文案 AI改写 别名 停顿

女性力量是无穷的！在历史长河中，无数女性以坚韧不拔之志书写传奇。她们可以是战场上英勇的女战士，也可以是科研领域智慧的女科学家。在生活里，每一位努力工作、用心照顾家庭的母亲也是女性力量的体现。不要小看自己，无论身处何境，女性都能爆发出强大的能量，打破束缚，勇敢追梦，向着目标坚定前行。

选择音乐 超自然晴晴

第 2 步 选择数字人形象和角色配音。

① 选择数字人形象

在左侧功能区中找到“数字人”，单击下拉按钮，可以更快捷地筛选对应分类。这里有不同性别、国籍、装扮，以及不同拍摄角度的形象可选择。这里结合本案例的主题选择一个知性、干练的角色。

② 选择角色配音

在左侧功能区中选择“配音”功能，在这里可以导入已有的配音音频，也可以在闪剪提供的配音音色中进行选择。推荐选择“超自然”系列的角色配音，其对文本的处理效果更贴近真人的表达。

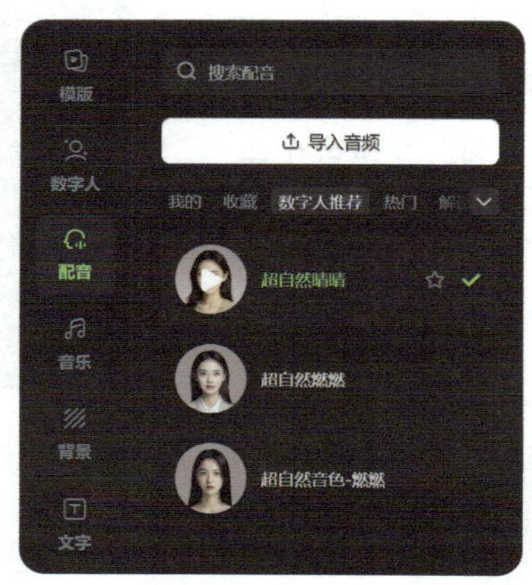

到这里，一个最为基础的数字人视频就创建完成了。如果觉得固定的画面太枯燥，还可以为视频添加贴纸、文字和动画效果，让视频整体更具吸引力。

对于个性化的素材添加，在左侧功能区中自行选择后添加即可。如果觉得自定义操作太复杂，也可以在视频预览区上方打开“智能包装”开关，让闪剪智能地为你的视频添加一些效果。

第 3 步 预览视频效果，确认后导出视频。

在预览过程中，发现闪剪做的智能包装与视频的整体风格不太匹配，视频显得太花哨。关闭“智能包装”按钮，确认无误后，单击右上方的“导出视频”按钮。

耐心等待视频生成完成，单击“下载”按钮就能得到完整的视频。

定制专属的数字人形象

如果你想定制一个专属于自己的数字人形象，让它克隆你的独特音色，更好地替你完成配音、出镜、品牌宣传等工作。那么你可以在闪剪首页选择“定制数字人”功能。

在其中的极速模式下只需要10秒就可以完成数字人的训练，单击“立即尝试”按钮，进入操作界面。

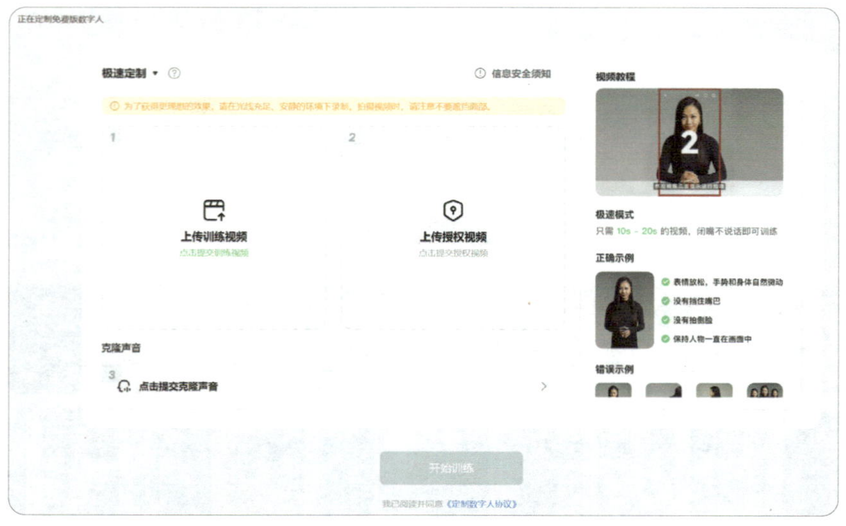

根据要求，上传自己的训练视频与授权视频，单击“开始训练”按钮。

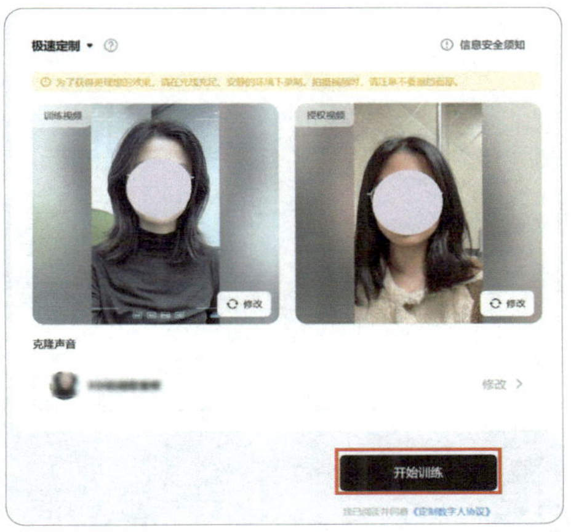

训练完成后会收到短信通知，也可以在我的数字人界面查看训练进度。